푸드 코디네이션과 캡스톤 디자인

—

한은숙 지음

光文閣
www.kwangmoonkag.co.kr

생활 수준의 향상으로 과거의 음식을 먹는다는 기본 관점에서 보고 즐기며 식사하는 시대로 바뀌게 되었다. 식문화의 발달과 라이프 스타일의 변화에 따라 푸드 코디네이션에 대한 관심이 높아지고 있으며 외식업체나 단체급식에서도 음식의 질적 향상을 위해 전문가의 역할이 필요하게 되었다.

푸드 코디네이션은 적절한 식품, 재료, 기타 소품 등의 조화를 통하여 미적 효과를 높이고 맛을 돋울 수 있도록 요리의 이미지를 계획하고 실체화하는 것으로 푸드 스타일링과 다양한 테이블의 구성 요소를 조화롭게 배열, 조정하여 식공간을 효율적으로 연출하는 의미를 포함하고 있다. 따라서 푸드 코디네이터는 음식에 관한 지식은 물론 메뉴 기획, 테이블 세팅, 식공간 디자인 등을 할 수 있어야 한다.

캡스톤 디자인은 산업 현장에서 부딪칠 수 있는 문제를 해결할 수 있는 능력을 길러 주기 위하여 전공 지식을 바탕으로 연구 가치가 있는 과제 또는 프로젝트를 학생들 스스로 기획, 설계, 제작, 평가하는 과정을 경험하게 하는 종합 설계 프로그램이다. 이러한 교육 프로그램은 빠른 기술 변화에 대처할 수 있는 인재 양성과 성과 중심의 교육 패러다임 변화에 부응할 수 있으며 4차 산업혁명시대에 알맞는 창의적 문제 해결 및 협업 능력 등을 배양할 수 있다.

본 책은 효과적인 푸드 코디네이션을 위한 푸드 디자인, 테이블 코디네이트, 식공간 연출 및 음식 사진의 촬영 기법 등이 포함되어 있으며, 최신 정보를 제공하기 위하여 외식 및 단체급식 업체에서 활용된 사례를 내용 설명과 함께 사진을 첨부하여 알기 쉽게 정리하였다. 그리고 산학연계형 캡스톤 디자인 과정 운영 및 활용 사례를 소개하여 캡스톤 디자인의 수업 설계, 정보수집, 아이디어 개발, 최종 결과물, 평가 및 피드백 등에 관한 내용 설명과 증빙 자료를 함께 실어 푸드 코디네이션 교육에 참고할 수 있도록 구성하였다.

식품영양학과와 외식 및 조리 관련학과 학생들에게 정확한 정보를 제공하기 위하여 대학에서 오랫동안 강의한 내용과 실무 자료를 정리하고 다듬었으나 여러 가지로 미흡한 점이 많으므로 지속적으로 보완하여 책의 완성도를 높여 나갈 것입니다.

본 책이 완성되기까지 버팀목이 되어 주신 사랑하는 어머니와 가족들에게 감사의 마음을 드리며, 출간에 도움을 주신 광문각출판사 박정태 회장님을 비롯하여 박용대 실장님, 바리스타 이유송님, 조봉근 원장님, 임재석 대표님, 박효남 교수님 그리고 편집, 교정 및 출판에 애써 주신 편집부 직원 여러분에게도 감사를 드립니다.

2020년 10월

대치동 서재에서

한은숙

CONTENTS

01

FOOD COORDINATION & CAPSTONE DESIGN

푸드 코디네이션의 개요

1. 푸드 코디네이션의 이해
2. 푸드 코디네이션 기획
3. 푸드 코디네이터

CHAPTER 01

푸드 코디네이션의 개요

학습 내용

- 푸드 코디네이션의 개념을 이해한다.
- 푸드 코디네이션의 기획을 이해한다.
- 푸드 코디네이터의 역할을 이해한다.
- 푸드 코디네이터의 활동 범위를 이해한다.

1. 푸드 코디네이션의 이해

1) 푸드 코디네이션의 개념

푸드 코디네이션(food coordination)은 적절한 식품, 재료, 기타 소품 등의 조화를 통하여 미적 효과를 높이고 맛을 돋울 수 있도록 요리의 이미지를 계획하고 실체화하는 푸드 스타일링과 다양한 식사 구성의 요소를 조화롭게 배열, 조정하여 식공간의 분위기를 완성도 있게 연출하는 의미를 포함하고 있다.

2) 푸드 코디네이션의 목적

생활 수준의 향상으로 과거의 음식을 먹는다는 기본 관점에서 보고 즐기며 식사를 하는 시대로 바뀌게 되었다. 식품은 생산, 제조, 가공, 조리 등의 여러 과정을 통하여 인간이 섭취하게 되는데 발전된 식생활의 형태와 요리에 대한 관념의 변화를 인식하고 식품의 적합한 활용을 통한 푸드 코디네이션의 필요성이 요구된다.

푸드 코디네이션은 우리나라만이 지닌 독특한 전통성의 계승과 음식 문화의 특징적 발전을 모색하고 요리의 특질 및 맛의 효과를 높이기 위함이며, 부분과 전체의 조화 있는 요리의 예술미로의 승화에 있다.

3) 푸드 코디네이션의 활용 범위

(1) 식품회사의 음식 광고

(2) 방송, 영화 등 음식 관련 영상물 제작

(3) 요리 서적 및 잡지 등의 출판물 제작

(4) 호텔의 레스토랑

(5) 외식업체의 메뉴 및 메뉴판 제작

(6) 단체급식 업체의 메뉴 개발

(7) 홈쇼핑, 인터넷 쇼핑몰 등의 음식 상품 홍보

(8) 음식 관련 행사의 전시

(9) 유튜브 동영상 제작

자료: 세종호텔 박효남

[그림 1-1] 호텔 레스토랑의 푸드 코디네이션

자료: 희스토리푸드

[그림 1-2] 외식업체의 푸드 코디네이션

산업체 급식

[그림 1-3] 단체급식에서의 푸드 코디네이션

어린이 급식관리지원센터

[그림 1-4] 단체급식에서의 푸드 코디네이션

자료: 임재석 제공

[그림 1-5] 홈쇼핑의 푸드 코디네이션

"한 사람을 위한 酒"

자료: 한은숙(https://www.youtube.com/watch?v=aI18F7TKlZ8)

[그림 1-6] 유튜브 동영상의 푸드 코디네이션

2. 푸드 코디네이션 기획

1) 푸드 스타일링

스타일(style)이란 물건 등의 종류와 형태, 모양을 뜻하며 푸드 스타일링은 식품과 음식을 시각적으로 아름답게 연출하는 기법을 의미한다.

2) 푸드 코디네이션을 위한 스타일링 순서

(1) 식품의 형태 설정 및 색채 효과를 위한 식품의 종류별 배분

(2) 조리 후의 음식 형태에 대한 이미지 계획 및 실체화

(3) 음식 데코레이션 배치 계획

(4) 식기류의 적절한 사용

(5) 전체 스타일 연출

3) 푸드 스타일의 결정 요소

(1) 음식 형태

- 식재료의 미적 형태
- 그릇 형태와의 조화
- 음식의 특성을 살린 전체적인 조화

(2) 음식 크기

- 음식의 적정한 크기
- 그릇 크기와의 조화
- 1인 분량과 경제성

(3) 음식의 색

- 식재료 고유의 색
- 오감을 만족시키는 색
- 전체적인 색 조화

4) 푸드 코디네이션 기획 작품

음식의 특성을 살리고 최근의 트랜드를 반영한 창의적인 스타일링으로 푸드 코디네이션 효과를 높인다.

(1) 떡

한국의 떡은 조상들의 지혜와 과학이 담겨 있으며 전통의 맛과 멋이 살아 숨쉬는 아름다운 우리 음식이다. 떡 스타일링은 기존 떡의 단점을 보완하고 형태와 색채의 이미지 효과를 높여 전통 음식의 현대화를 모색할 수 있다.

자료: (사)한국전통음식연구소 (푸드 스타일링: 한은숙)

[그림 1-7] 떡 푸드 코디네이션

(2) 과일

과일은 종류에 따라 독특한 향기와 맛을 가지고 있으며, 고유의 색상은 과일의 풍미와 함께 오감을 만족시켜 준다. 과일 스타일링은 산뜻한 과일의 색상 효과를 살리고 미적 효과를 높여 즐거움을 제공해 주며 실생활에 다양하게 활용할 수 있다.

"매스티지 트렌드를 반영한 과일 이야기"

[그림 1-8] 과일 푸드 코디네이션

(3) 아이스크림

아이스크림은 차갑게 먹는 디저트의 한 종류이다. 최근 웰빙 문화와 함께 건강에 대한 관심이 높아지면서 아이스크림의 종류도 다양화되고 있다.

콩으로 만든 아이스크림 스타일링은 식재료의 맛, 식감, 풍미 등을 고려하여 천연의 색을 살리고 다양한 디자인을 연출하여 미각 및 시각적 요소의 충족과 함께 기능성 아이스크림의 차별화가 가능하다.

"Well-Being Life를 위한 기능성 아이스크림"

[그림 1-9] 아이스크림 푸드 코디네이션

3. 푸드 코디네이터

1) 푸드 코디네이터의 역할

푸드 코디네이터는 음식 광고, 잡지 화보, 음식 사진에 들어가는 요리를 만들고 시각적으로 맛있고, 먹음직스럽게 세팅하는 직업으로 식(食)에 관한 전반적인 일을 해나가는 연출자를 말한다.

식품회사, 외식 및 급식업체, 요리 전문 잡지, 방송 프로그램의 스태프로 참여하여 세련된 음식을 연출하기도 하며, 테이블 세팅을 할 경우에도 여러 가지 창의력을 동원하여 상차림 기법, 장식 기법을 포괄한 작품의 세계를 연출하고 음식을 더욱 아름답게 돋보이도록 한다. 따라서 식(食)에 관한 기본 지식은 물론 식의 역사, 음식, 꽃, 식탁 등의 공간 구성, 식자재의 종류, 향신료의 이용 방법, 조리법의 총괄적인 내용을 알아야 하며, 레스토랑의 기획과 운영, 메뉴 구성, 테이블 코디네이션 등을 할 수 있는 능력이 필요하다.

2) 푸드 코디네이터가 갖추어야 할 자질

(1) 푸드 코디네이터는 식생활 문화, 식품 재료, 식품 영양 및 가공학 및 조리에 관한 지식
(2) 메뉴 개발 및 상품 기획, 푸드 매니지먼트 관련 지식
(3) 식기 및 테이블 소품 등의 디스플레이를 위한 디자인 감각과 색채 활용
(4) 소통 능력, 네트워크 능력과 음식에 대한 언어 표현 능력, 프리젠테이션 스킬
(5) 테이블 매너와 서비스 매너
(6) 독창성, 창의성, 인내심 및 원만한 인간관계
(7) 사진, 인쇄물 편집 및 기획 능력
(8) 전문 지식을 기본으로 다양한 실습과 훈련

3) 푸드 코디네이터의 활동 영역

(1) 푸드 코디네이터는 출판사에서 요리책, 식품, 조리 관련 서적 및 음식 관련 잡지 등에 식품과 조리된 음식을 연출한다.

(2) 방송국에서는 드라마, 다큐멘터리 프로그램에서 식품 및 조리된 음식을 연출한다. 홈쇼핑, 공중파방송, 케이블tv, 인터넷 쇼핑몰에서는 상품의 정보 전달에 도움을 주는 조리된 식품과 세딩, 판매될 제품의 비주얼을 위한 식기와 소품, 음식, 테이블 세팅 등을 연출한다.

(3) 광고회사에서는 식품이나 조리된 음식의 연출을 위해 광고 제작에 참여하며 CF, 패키지, 포스터 등을 제작할 때에도 푸드 스타일리스트의 역할을 한다.

(4) 푸드 코디네이터는 레스토랑 메뉴판, 제과 제빵 스타일링, 이벤트 요리 디스플레이, 호텔, 백화점의 식품 전시, 식품회사의 제품 디스플레이, 광고, 전단지, 카탈로그, 리플릿, 포스터 제작 등에 참여한다.

4) 푸드 코디네이터의 관련 범위

(1) 푸드 데코레이션

음식 문화의 발전과 요리 기술의 평준화로 인하여 시각적 요소가 강조됨에 따라 요리도 돋보이게 하면서 전체적으로 음식 맛을 최대한 살릴 수 있도록 한다.

(2) 테이블 코디네이터(table coordinator)

테이블이라는 공간을 아름답고 매력 있게 표현해 주는 역할, 즉 테이블 위에 놓이는 모든 요소들을 목적이나 테마에 맞게 기획하고 구성하여 음식과 주변 환경과의 조화를 이룰 수 있도록 하는 식공간 연출가이다.

(3) 푸드 카빙 데코레이션(food carving decoration)

음식을 돋보이고 화려하게 하는 장식 기술로 과일이나 채소 따위의 음식 재료를 이용해 다양한 모양을 만들어 완성된 요리와 함께 접시에 담아 장식 효과를 높인다.

(4) 플라워 코디네이터(flower coordinator)

꽃꽂이에 대한 전문 지식을 기본으로 시간과 장소에 맞는 꽃을 선별하여 분위기에 어울리는 플라워 디자인을 계획하고 세팅하는 전문가이다.

(5) 파티 플래너(party planner)

파티 콘셉트에 맞추어 음식 메뉴와 제공 방법을 기획하며 파티를 위한 공간과 시간을 경영하고 모임의 목적이 돋보이도록 총관리부터 진행까지의 총연출을 담당하는 전문가이다.

(6) 푸드 시스템 플래너(food system planner)

음식 관련 업계의 시스템을 설계하는 직업으로 조리 설비, 홀 공간의 인테리어를 설계하여 효율적인 방법으로 시스템을 창조 및 계획한다.

(7) 외식 경영 컨설턴트(food industrial consultant)

레스토랑의 개업을 위해 입지를 분석하고 콘셉트를 만들며 메뉴 플래닝, 접객 서비스, 홍보 마케팅 및 오픈을 위한 이벤트 행사 등과 관련된 일들을 총괄 기획, 연출하는 전문가를 말한다.

(8) 푸드 라이터(food writer)

책을 어떻게 구성하고 전할 것인지에 맞게 요리 레시피, 푸드 스타일리스트 혹은 테이블 코디네이트를 소개하거나 기사를 쓰며 음식 사진에서 책, 포장까지 기획하고 편집하는 전문가이다.

(9) 푸드벤쳐(food Venture)

음식, 영양, 건강, 식품 제조 및 가공업, 인터넷 비즈니스 등의 새로운 아이디어 창출을 통한 창업자를 말한다.

5) 푸드코디네이터의 전망

푸드 코디네이터는 시각적, 공간적 미를 추구하여 고객이나 소비자의 욕구에 적절히 대응하여 식생할의 변화를 주도하는 역할을 담당하는 직업으로 시대의 변화에 따라 TV 프로그램, 유튜브 동영상, 광고, 신문, 출판 등의 분야에서 음식과 관련한 다양한 정보를 제공해 줄 수 있는 전문가가 필요하다.

푸드 코디네이터는 레스토랑이나 호텔의 이벤트, 식품・음료의 신제품 연구 및 개발 등의 각종 행사 현장에서 중요한 역할을 하고 있으며 최근에는 홈쇼핑과 개인 방송 및 유튜브 동영상 등에서 식품 판매, 홍보를 위한 스타일링 및 상품 촬영 등 활동 영역이 다변화하고 있다

사회가 발전하면서 음식은 허기를 채우기 위한 수단에서 벗어나 하나의 예술로 승화시키려 식문화 환경의 변화에 따라 음식과 관련된 직업인 푸드 코디네이터는 식문화 발전과 함께 새로운 트렌드를 창조하고 미래를 선도할 유망 전문직으로 자리 잡을 것으로 전망된다.

워크넷(www.work.go.k)에서는 음식에 관한 관심이 연령과 성별을 막론하여 여러 계층에서 나타나고 있으며 식생활의 서구화와 국민소득의 향상으로 푸드 코디네이터는 수요가 늘어날 것으로 전망하고 있다.

TV 프로그램, 광고, 신문, 출판, 비디오, SNS 등 다양한 매체가 수많은 정보를 제공하며 푸드 코디네이터는 시청률 획득, 광고 효과, 출판물 판매 부수에 크게 이바지하므로 사회적 인식과 수요가 늘고 있다.

6) 푸드 코디네이터 교육기관 및 자격증

(1) 국내 교육기관

경기대학교 대학원, 양향자 푸드앤코디 아카데미, 쿠킹아트센터, 푸드앤컬처 아카데미, 푸드 코디네이터 아카데미 라퀴진이 있으며, 해외 교육기관은 CIA, ICIF, 르꼬르동 블루, 존슨앤웨일즈대학, 시애틀 아트인스티튜트, 재팬푸드 코디네이터 스쿨, 신주쿠 조리사 전문학교, 무사시노 조리사 전문학교, 스케나리 요코 쿠킹아트 세미나 등이 있다.

(2) 푸드 코디네이터 자격증

푸드코디네이터 자격검정

푸드코디네이터 자격시험은 (사)한국식공간학회에서 주관하는 민간자격 시험으로 2009년에 처음 시행되었으며 식공간연출전공자 및 비전공자인으로 검정을 시행하는 수험자에게 적용한다.

자격의 종목은 3개 종목으로 하며 종목명은 푸드코디네이터 지도자(푸드 스타일링, 테이블 코디네이트, 파티 플래닝의 기획 및 실무능력을 갖추고 있으며, 관련교육기관의 교육자 및 관련업체의 책임자 급의 업무를 수행할 수 있는 전문가), 푸드코디네이터 1급(푸드 스타일링, 테이블 코디네이트, 파티 플래닝의 기획 및 실무능력을 갖추고 있으며, 관련업체의 실무진행이 가능한 준 전문가), 푸드코디네이터 2급(푸드 스타일링, 테이블 코디네이트, 파티 플래닝의 실무수행을 위한 기본 능력을 갖춘 자)으로 응시하고자 하는 종목에 대하여 전문지식을 가지고 푸드스타일링, 테이블 코디네이트, 파티플래닝, 색채와 디자인의 이론적인 내용뿐 아니라 자격심의위원회에서 제시하는 주제에 맞게 메뉴플래닝 및 테이블 연출을 숙련되게 수행할 수 있는 능력의 유무를 평가한다.

자격시험은 필기시험과 실기시험으로 구분하여 실시하며, 년 2회 이상 실시한다. 2017년 현재 지도자 49명, 1급 1,553명, 2급 707명이 배출되었다.

제1장 총칙

제1조(목적)
이 규칙은 (사)한국식공간학회(이하 '학회'라 한다)의 업무를 정하고, 푸드코디네이터 자격관리 및 운영을 효율적으로 시행하기 위하여 필요한 사항에 대하여 규정함을 목적으로 한다.

제2조(용어의 정의)
이 규칙에서 사용하는 용어의 정의는 다음과 같다.
1. 지도자 : 푸드 스타일링, 테이블 코디네이트, 파티 플래닝의 기획 및 실무능력을 갖추고 있으며, 관련교육기관의 교육자 및 관련업체의 책임자 급의 업무를 수행할 수 있는 전문가
2. 1급 : 푸드 스타일링, 테이블 코디네이트, 파티 플래닝의 기획 및 실무능력을 갖추고 있으며, 관련업체의 실무진행이 가능한 준 전문가
3. 2급 : 푸드 스타일링, 테이블 코디네이트, 파티 플래닝의 실무수행을 위한 기본 능력을 갖춘 자

제3조(적용대상)
이 규정은 식공간연출전공자 및 비전공자인으로 검정을 시행하는 수험자에게 적용한다.

제2장 업무구분

제4조(업무의 정의)
자격심의위원회는 학회장, 학회 부회장, 자격검증 이사를 포함한 학회 회원 총 7인으로 구성되며, 학회장이 위촉한다.

제5조(검정업무의 구분)
① 자격심의위원회는 민간 자격의 검정업무 전반을 주관·시행하며, 다음 각 호의 업무를 수행한다.
1. 검정시행계획의 수립 및 공고에 관한 사항
2. 검정 출제기준의 작성 및 변경에 관한 사항
3. 검정업무의 기획, 제도개선에 관한 사항
4. 심사위원의 위촉·운영에 관한 사항
5. 검정 시험문제의 출제·관리 및 인쇄·운송에 관한 사항
6. 필기시험 답안지의 채점 및 합격자 사정에 관한 사항
7. 합격자 관리 및 자격증 발급·관리에 관한 사항
8. 검정사업 일반회계 운영에 관한 사항
9. 기타 민간자격검정 업무와 관련된 사항

② 자격검증이사는 다음 각 호의 업무를 수행한다.
1. 수험원서 교부·접수, 수험인명부 작성 및 안내에 관한 사항
2. 검정 세부실시계획 수립 및 운영에 관한 사항
3. 검정집행업무(시험장 준비, 심사위원 배치, 시험시행 등)와 관련된 사항
4. 실기시험 답안의 현지채점에 관한 사항
5. 합격자 명단 게시공고 및 자격증 교부에 관한 사항
6. 심사위원 추천 및 위촉업무에 관한 사항
7. 부정행위자 처리에 관한 사항
8. 검정수수료 수납에 관한 사항
9. 기타 검정사업의 집행업무와 관련된 사항

③ 시험진행위원은 다음 각 호의 업무를 수행한다.
- 관리감독위원 : 시험 준비 및 집행, 채점, 결과보고 등 시험장 전반적인 관리업무를 담당한다.
- 시험감독위원 : 수험자 교육, 시설·장비 및 재료점검과 확인, 시험문제지, 답안지 및 작품의 배부 및 회수, 시험 질서 유지, 부정행위의 예방과 적발 및 처리, 실기시험의 채점업무를 담당한다.
- 진행보조 : 시험 준비 및 시험 집행을 보조하는 업무를 담당한다.
* 시험진행 위원으로 위촉된 자에 대하여는 위촉장을 발송해야 한다.

제3장 검정기준 및 방법

제6조(민간자격의 취득)
본 푸드코디네이터 민간자격은 (사)한국식공간학회에서 주관하는 시험에 응시하여 합격하여야 취득할 수 있다.

제7조(자격종목)
자격의 종목은 3개 종목으로 하며 종목명은 푸드코디네이터 지도자, 푸드코디네이터 1급, 푸드코디네이터 2급이다.

제8조(검정의 기준)
응시하고자 하는 종목에 대하여 전문지식을 가지고 푸드스타일링, 테이블 코디네이트, 파티플래닝, 색채와 디자인의 이론적인 내용뿐 아니라 자격심의위원회에서 제시하는 주제에 맞게 메뉴플래닝 및 테이블 연출을 숙련되게 수행할 수 있는 능력의 유무를 평가한다.

제9조(검정의 방법)
① 자격시험은 필기시험과 실기시험으로 구분하여 실시하며, 년 2회 이상 실시하는 것을 원칙으로 한다.
② 필기시험의 방법은 다음과 같다.
1. 필기시험출제는 학회에서 안정한 교재에 준하여 출제 한다.
2. 필기시험의 영역은 푸드스타일링, 테이블 코디네이트, 파티플래닝, 색채와 디자인 등으로 한다.
3. 시험형식은 4지 선다 객관식으로 한다.
4. 과목별 시험문항 수 및 시험시간은 다음과 같다.

<표 1> 필기시험 시험문항 수 및 시험시간표

검정 방법	시험형태 및 문항 수	시험시간
필기시험	50문항 객관식 (4지선다형)	50분

5. 필기시험 면제
- <표 2>의 자격인정 이수 교과목 중 기초영역 3과목 이상, 응용실습영역 2과목 이상의 학점을 이수 한 자는 필기시험을 면제한다.
- 필기 면제자는 시험 접수 시 과목이수 증명자료를 반드시 제출해야한다.
- 학교에 따라 교과목의 명칭이 다를 수 있으므로 이는 자격심의위원회에서 심사한다.

<표 2> 푸드코디네이터 자격인정 교과목

영역	과목명
기초 (택 3)	푸드 스타일링, 테이블 코디네이트, 파티 플래닝, 사진학, 색채와 디자인, 식음료(와인 또는 커피학 포함)
응용실습 (택 2)	푸드 스타일링 실습, 테이블 세팅 실습, 파티플래닝 실습 조리실습(한국조리, 서양조리, 중식조리, 일식조리 중 택1만 가능)

③ 실기시험의 방법은 다음과 같다.
1. 출제위원이 제시하는 주제에 따른 메뉴 플래닝 및 테이블 연출 능력을 평가한다.
2. 시험시간은 실기 시험지 답안 작성 20분, 테이블 세팅 30분을 합하여 총 50분에 걸쳐 시행한다.
3. 종목에 따른 자격시험 내용은 다음과 같다.

<표 3> 실기시험 종목별 시험 내용

종목	시험내용	시험시간
1급	메뉴플래닝 및 테이블 연출 + 이미지스타일 특징 서술	50분
2급	메뉴플래닝 및 테이블 연출	

4. 평가방법은 실기시험 평가표에 의거(2014년 8월 개정)하여 세부배점기준에 따라 점수를 부여한다.

제10조(응시자격)
① 푸드코디네이터 지도자 자격은 다음의 경우에 응시할 수 있다.
- 식공간 연출 관련 전공 석사와 박사 학위를 모두 취득한 자
- 교육부가 인정하는 교육기관에서 식공간연출 관련 교과목을 300시간 이상 강의한 자
- 식공간연출 관련 전공 박사를 취득 한 후 관련기관에서 식공간연출 관련 교과목을 100시간 강의한 자
- 1급 자격시험을 취득한 후 관련기관에서 기초 교과목을 200시간 강의한 자

② 푸드코디네이터 1급 자격은 다음의 경우에 응시할 수 있다.
- 식공간 연출 관련 과목을 이수한 대학의 재학생 또는 기졸업자
- 2급 자격 취득 후, 외식관련업계에서 2년 이상 활동한 자

③ 푸 코디네이터 2급 자격은 다음의 경우에 응시할 수 있다.
- 식공간 연출 비전공자로 2급 필기시험과 실기시험에 합격한 자

제11조 (합격기준)
① 필기시험은 100점 만점 기준 1급은 70점 이상이며, 2급은 60점 이상 득점자를 합격자로 결정한다.
② 실기시험은 100점 만점 기준 1급은 70점 이상이며, 2급은 60점 이상 득점자를 합격자로 결정한다.

제4장 수험원서

제12조(검정안내)
① 자격심의위원회는 검정의 종목, 수험자격, 제출서류, 검정방법, 시험과목, 검정일시, 검정장소 및 수험자 유의사항 등을 포함한 검정안내서를 작성 배포할 수 있다.
② 자격심의위원회는 검정안내서를 학회장의 승인을 받은 후, 검정시행 30일 전에 학회 홈페이지를 통해 공고하도록 하다

제13조(원서접수)
① 원서접수, 검정수수료(이하 "수수료"라 한다) 수납업무는 검정시행 1주일 전까지 마감하도록 한다.
② 원서는 각 고사장 관리감독이 접수받도록 한다.
③ 시험에 응시하고자 하는 자는 응시료와 함께 <표 4>에 제시된 응시자격 증빙 관련 서류를 제출하여야 한다.

<표 4> 제출서류

종목	공통 서류	첨부 서류
지도자	자격검정 신청서	식공간 연출관련전공 학위증 사본 또는 강의경력증명서, 1급 자격증 사본
1급		성적증명서
2급		-

④ 고사장 관리감독자는 원서기재 사항 및 응시자격 관련서류를 확인하고 접수받아야 한다.

제14조(수험번호 부여)
각 고사장 관리감독은 자격심의위원회에서 부여해준 수험번호에 따라 각 수험자에게 부여한다.

제15조(수수료)
① 검정에 응시하고자 하는 자는 수수료를 납부하여야 한다.
② 검정을 받고자 하는 자가 미리 납부한 수수료는 과오납한 경우를 제외하고는 이를 반환하지 아니한다.
③ 수수료는 현금 수납함을 원칙으로 한다.
④ 수수료는 원서접수와 동시에 수납함을 원칙으로 한다.
⑤ 수수료에 대한 영수증을 발급하도록 한다.
⑥ 종목별 검정수수료는 다음과 같다.

<표 5> 검정 수수료

종목	수수료
지도자	150,000원 (서류심사비)
1급	필기면제자 : 10,000(서류심사비) + 30,000(실기시험비) = 40,000원 필기응시자 : 20,000(필기시험비) + 30,000(실기시험비) = 50,000원
2급	20,000(필기시험비) + 30,000(실기시험비) = 50,000원

제16조(접수현황 및 수험자 결과보고)
① 각 고사장 관리감독은 원서접수 마감 종료 후 접수 현황, 검정 수수료 내역 등을 자격심의위원회 에 제출하여야 한다.
② 각 고사장 관리감독은 수험자에게 받은 수수료를 확인한 후 학회계좌로 입금하여야 한다.

자료: 한국식공간학회(tfck.co.kr)

푸드 코디네이터 관련 학문

음식 재료, 영양 및 건강 관련 지식, 음식 안전(HACCP), 조리과학, 음식 역사 및 문화, 식기, 메뉴 계획, 식사 매너 및 서비스, 디스플레이, 실내장식, 마케팅, 컨텐츠 기획, 레스토랑 매니지먼트

02

FOOD COORDINATION & CAPSTONE DESIGN

푸드 디자인

1. 푸드 디자인의 조건
2. 푸드 디자인과 이미지
3. 푸드 디자인의 기본 요소
4. 푸드 디자인의 원리
5. 푸드 디자인과 그릇의 형태

CHAPTER 02

푸드 디자인

학습 내용

- 푸드 디자인의 조건을 이해한다.
- 푸드 디자인과 이미지를 이해한다.
- 푸드 디자인의 기본 요소를 이해한다.
- 푸드 디자인의 원리를 이해한다.
- 푸드 디자인과 그릇의 형태를 이해한다.

생활 수준의 향상으로 과거의 음식을 먹는다는 기본 관점에서 보고 즐기며 식사를 하는 시대로 바뀌게 되었다. 식품은 생산, 제조, 가공, 조리 등의 여러 과정을 통하여 인간이 섭취하게 되는데 발전된 식생활의 형태와 요리에 대한 관념의 변화를 인식하고 식품의 적합한 활용을 통한 푸드 디자인이 요구된다.

1. 푸드 디자인의 조건

1) 합목적성

실용상의 목적을 의미함, 합목적성은 지적인 문제로서 객관적, 합리적으로 얻어지는 것이며, 과학적인 기초 위에 성립되는 것이다.

2) 심미성

아름답다는 느낌, 즉 미의식을 뜻한다. 매우 주관적인 것으로 개개인에 의해 차이가 있으며, 시대나 국가, 민족에 따라 공통의 미의식이 있는 것도 사실이며, 스타일이나 색의 유행 등도 대중이 공통적으로 느끼는 미의식이라 할 수 있다.

3) 경제성

최소의 재료와 노력에 의해 최대의 효과를 얻고자 하는 것을 의미하며, 경제성과 밀착되어야 진실된 새로운 아름다움이 나타나게 된다.

4) 독창성

창조적인 것을 의미한다. 독창의 반대는 모방이며, 이미 있는 것의 반복이며 심한 경우는 남의 작품을 도작(盜作)한 것이다. 따라서 디자인하는 마음의 태도는 항상 창조적이어야 한다. 또한, 평범하게 보이는 것에 새로운 창조와 수준 높은 독창성이 숨어 있을 수도 있다.

5) 질서성

앞에서 설명한 4가지 원리는 이론적으로 각각 독자적인 성립 이유를 갖고 있으며 각각 서로의 관계를 유지하고 있다. 여기서 그들의 관계를 유지하도록 하는 것이 질서성이다. 각 원리에서 가리키는 모든 조건을 하나의 통일체로 하는 것은 질서를 유지하고 조직을 세우는 것으로 이것은 매우 중요하고 필요하다.

6) 합리성

지적 활동에 의해 지배되는 것을 말한다.

- 합리적인 지적 요소(지적 활동)-경제성, 합리성
- 비합리적인 요소(감정적 활동)-심미성, 독창성
- 합리성, 비합리성을 밀착되도록 통일시키는 것-질서성

2. 푸드 디자인과 이미지

이미지는 심상(心象), 영상(映像), 표상(表象) 등을 뜻한다. 인간의 마음속에 그려지는 사물의 감각적 영상을 가리키며 주로 시각적인 것을 말한다. 또한, 시각 이외의 감각적 심상도 이미지라고 한다.

푸드 디자인은 최종적으로 만들려고 하는 완성물의 이미지를 계획하고 실체화하는 것을 의미한다.

[그림 2-1] 푸드 디자인과 이미지 표현

3. 푸드 디자인의 기본 요소

1) 점

점의 크기는 일정하지 않으며 점이 이동하면 선이 된다. 점은 그 면적이 작아지면 점의 느낌이 강하지만 면적이 확대되면 될수록 면의 느낌에 가까워진다.

[그림 2-2] 점을 이용한 푸드 코디네이션

2) 선

선은 직선적인 것, 곡선적인 것 또는 직선적인 것과 곡선적인 것으로 나눌 수 있으며, 일반적으로 직선은 딱딱하고 남성적인 느낌을, 곡선은 여성적인 느낌을 지닌다.

수평선은 안정적이고 조용한 느낌을, 수직선은 엄숙하고 엄격함을, 사선은 방향감, 속도감 등을 느끼게 한다.

[그림 2-3] 선을 이용한 푸드 코디네이션

3) 면

면은 여러 개의 선이 모여 생성된 것으로 삼각형, 사각형, 원형, 타원형 등의 형태가 있다. 면은 접시의 형태로 결정되거나 요리의 덩어리감으로 표현되기도 한다.

 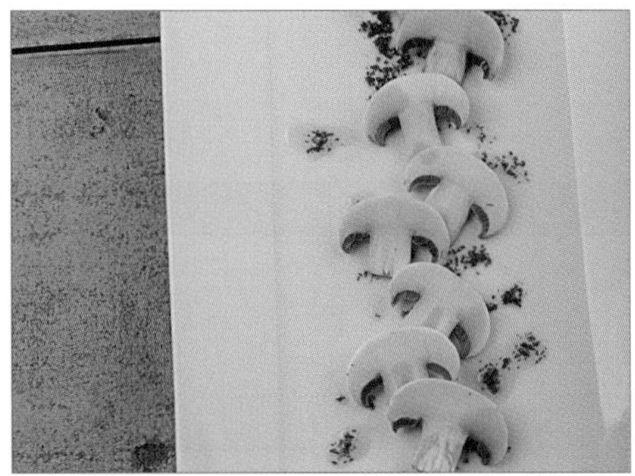

[그림 2-4] 면을 이용한 푸드 코디네이션

4) 입체

면의 이동에 의해 만들어지고 구, 원기둥, 뿔, 입방체를 형성한다.

입체는 특성에 맞게 서양요리의 레이아웃에 활용되며 다양한 이미지를 창출할 수 있다.

[그림 2-5] 입체를 이용한 푸드 코디네이션

5) 색채

인간은 시각을 통하여 색을 구분하며 다양한 색채 이미지를 느낄 수 있다.

또한, 오감을 통하여 달다, 시다, 쓰다 등의 이미지를 떠올릴 수 있으며 음식의 맛과 특징을 높일 수 있다.

[표 2-1] 색과 미각 이미지

색	미각 이미지
흰색	청결한, 산뜻한
빨간색	맛있는, 매운맛의
복숭아색	단맛의, 부드러운
적자색	맛있는, 진한
갈색	딱딱한
오렌지색	맛있는, 단맛의, 따뜻한
크림색	부드러운, 맛있는
노란색	맛있는, 감미로운
오크 옐로우	맛없는, 오래된
황록색	산뜻한
녹색	풋 냄새 나는, 신선한
청색	시원한, 청량감 있는
회색	맛없는, 불쾌한

4. 푸드 디자인의 원리

푸드 코디네이션 효과를 높이기 위해서는 2개 이상의 요소 또는 부분적인 상호 관계에서 이들이 서로 배척 없이 통일돼 전체적으로 미적, 감각적 효과를 발휘할 수 있어야 하며, 각 요소 상호 간에 공통성이 있으며 동시에 무언가 차이가 있을 때 이상적인 하모니가 될 수 있다. 또한, 부분과 부분, 부분과 전체의 수량적 관계가 어색하지 않아야 하며 요리, 주위 환경이 서로 균형 있게 서로 연관성을 주는 통일감이 있을 때 식사자의 만족도를 높일 수 있다.

1) 조화

2개 이상의 요소 또는 부분적인 상호 관계에서 이들이 서로 배척 없이 통일돼 전체적으로 미적, 감각적인 효과를 발휘하는 것이다.

[그림 2-6] 푸드 디자인의 요소-조화

2) 비례

부분과 부분, 부분과 전체의 수량적 관계를 말한다. 일반적으로 길이에 비례하는 것이 많다.

[그림 2-7] 푸드 디자인의 요소-비례

3) 대칭

한 선을 대칭축으로 하여 서로 마주보게 형성되어 있을 때 이것을 좌우 대칭에 있다고 하며, 고대 그리스의 symmetros에서 온 것으로 '비례한다'라는 의미로 쓰인다.

[그림 2-8] 푸드 디자인의 요소-대칭

4) 균형

두 부분의 질량이 하나의 지점에서 역학적으로 균형이 될 때 이것을 balance를 취하고 있다고 한다.

[그림 2-9] 푸드 디자인의 요소-균형

5) 율동

몇 개의 부분이 어느 간격을 가지고 배열될 때 리듬이 생긴다. 율동은 규칙적으로 변화하는 한 무리의 형태를 말한다.

[그림 2-10] 푸드 디자인의 요소-율동

6) 반복

동일한 요소나 대상을 둘 이상 배열하는 것을 말한다. 대상의 의미나 내용을 강조하는 수단으로 쓰인다.

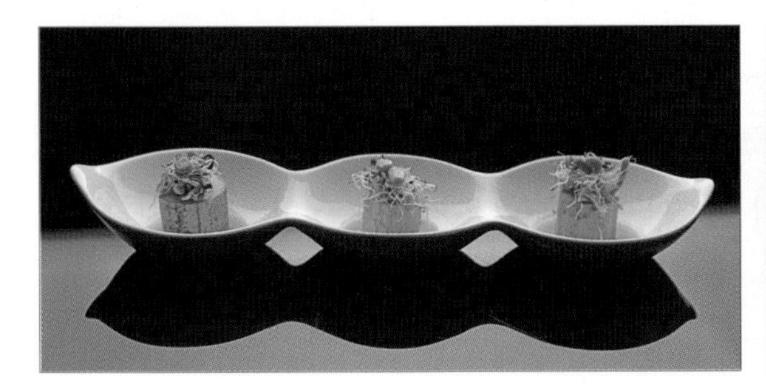

[그림 2-11] 푸드 디자인의 요소-반복

7) 통일

다양성에서 하나로 전체에 통합하는 것으로 이것을 다양한 통일의 원리라고 한다.

[그림 2-12] 푸드 디자인의 요소-통일

5. 푸드 디자인과 그릇의 형태

식생활은 인류의 기본 생활이며 생존에 필요한 중요한 과정으로 식문화는 생활 용기(식기 문화)와 밀접한 관계를 갖고 발전되어 왔다.

그릇은 음식이나 물건을 담는 기구를 통틀어 이르는 말이며 용기(容器)라고도 불린다. 음식은 담는 그릇의 형태, 색, 재질 등에 따라 다양한 이미지를 연출할 수 있으며 음식과 그릇의 조화는 먹는 사람의 미각을 증진시키고 음식을 돋보이게 한다.

일반적으로 가장 많이 사용하는 플레이트 형태는 원형, 사각형, 마름모형, 삼각형, 역삼각형, 타원형, 마름모형 등이 있으며, 이 형태들은 각기 다른 이미지를 나타낸다. 원형은 부드럽고 원만한 느낌을 주며 그릇의 문양과 색, 테두리에 따라 다양한 이미지 연출이 가능하다. 타원형은 원형의 변형된 형태로 여성스럽고 우아한 표현을 할 수 있다.

사각형은 안정된 느낌과 친밀감을 주고 마름모는 통일감, 균형 잡힌 변화를 주어 현대적이고 세련된 요리 연출에 사용된다.

삼각형은 속도감과 확고부동한 느낌을 주며 자유로운 요리 이미지를 연출할 수 있다.

역삼각형은 율동감을 느낄 수 있으며 삼각형보다 훨씬 강한 이미지를 연출할 때 사용된다.

그밖에 추상적인 형태의 그릇은 요리의 특질과 예술성을 개성 있게 표현할 수 있다.

그릇의 색과 어울리도록 담은 음식은 식욕을 촉진시키고 색다른 이미지를 느끼게 해준다. 우리나라에서는 예로부터 흰색 그릇을 사용해서 음식의 다양한 색감을 살리고 깔끔한 이미지를 연출하였으며, 식기의 재질은 계절과 담는 음식에 따라 용도를 다르게 하였다. 요즈음 일상생활에서 많이 쓰는 그릇은 도자기, 알루미늄, 스테인리스, 플라스틱, 유리 그릇 등 재질이 다양하고 쓰임에 따라서 각각 모양이 다르다.

푸드 디자인에서 식공간에 알맞은 합리적인 그릇의 활용은 요리의 예술성과 문화적 가치를 높일 수 있다.

[그림 2-13] 원형 그릇과 푸드 디자인

[그림 2-14] 타원형 그릇과 푸드 디자인

[그림 2-15] 사각형 그릇과 푸드 디자인

[그림 2-16] 마름모형 그릇과 푸드 디자인

[그림 2-17] 기타 형태의 그릇과 푸드 디자인

유리 그릇

옹기 그릇

플라스틱 그릇

나무 그릇

자기 그릇

[그림 2-18] 그릇의 재질과 푸드디자인

03

FOOD COORDINATION & CAPSTONE DESIGN

푸드와 색채

1. 색채의 이해
2. 색의 조화
3. 색채 배색
4. 배색 이미지
5. 색채 이미지 활용
6. 음양오행설과 한국 음식의 색

CHAPTER 03

푸드와 색채

학습 내용

- 색채를 이해한다.
- 색의 조화를 이해한다.
- 색채 배색과 배색 이미지를 이해한다.
- 색채 이미지의 활용 방법을 이해한다.
- 음양오행설과 한국 음식의 오방색을 이해한다.

1. 색채의 이해

색채는 물체가 빛을 받을 때 빛의 파장에 따라 그 표면에 나타나는 특유의 빛을 의미한다.

색채 조화에서 배색의 아름다움은 질서성과 복잡성의 상관관계로 취급하고 있으며 일반적으로 아름다움은 어느 정도 변화가 있고 질서가 있는 것에서 얻어지는 것이다. 따라서 푸드코디네이션 활용 시, 색채 조화는 음식의 특징을 살리고 맛과 시각적 효과를 높일 수 있으므로 중요한 요소로 부각되고 있다.

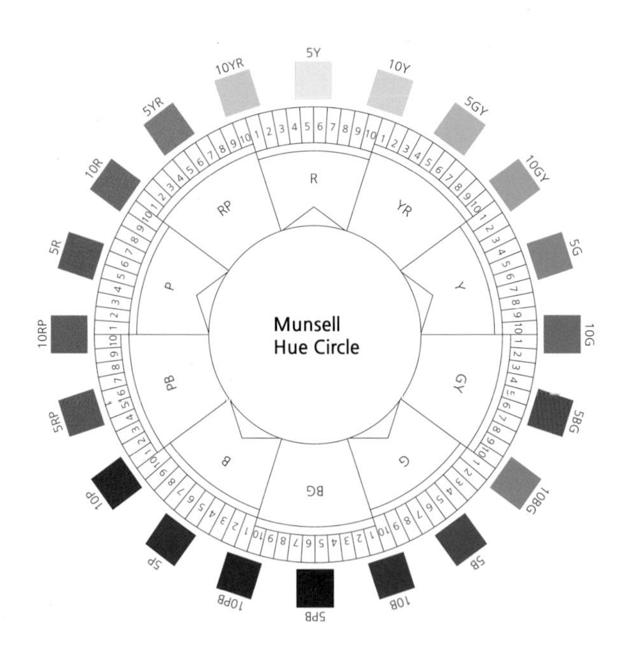

[그림 3-1] 먼셀의 색상환

1) 색의 종류

색의 종류에는 순색, 무채색, 유채색이 있으며 순색은 색상에서 가장 순수한 색으로 무채색이 전혀 섞이지 않으며 채도가 가장 높다.

무채색은 흰색과 검정색, 회색이며 색상과 채도가 없고 무채색의 온도감은 중성색에 속한다.

유채색은 물체의 색 중에서 색상이 있는 색으로 무채색을 제외한 모든 색을 말한다.

2) 색의 속성

색의 속성은 색상, 명도, 채도로 구분한다. 색상은 색의 차이를 말하며 다른 색과 구별되는 그 색만이 갖는 독특한 성질이다

명도는 밝고 어두운 정도의 차이로 인간의 눈에 가장 예민하게 반응한다.
채도는 색의 맑고 탁한 정도(색의 강약)를 말한다.

3) 색의 대비

(1) 색상 대비

두 가지 이상의 색을 배색했을 때 각각의 색을 단독으로 볼 때보다 색상의 차이가 더욱 크게 느껴지는 현상을 색상 대비라고 한다. 색상 대비를 주로 사용한 배색은 힘차고 활발한 느낌을 준다.

[그림 3-2] 색상 대비

(2) 명도 대비

명도가 다른 두 색을 인접시켰을 때 밝은색은 더욱 밝아 보이고 어두운색은 더욱 어두워 보이는 현상이다. 같은 색상도 배경이나 인접한 색에 따라 원래 색보다 어둡거나 밝게 인식된다.

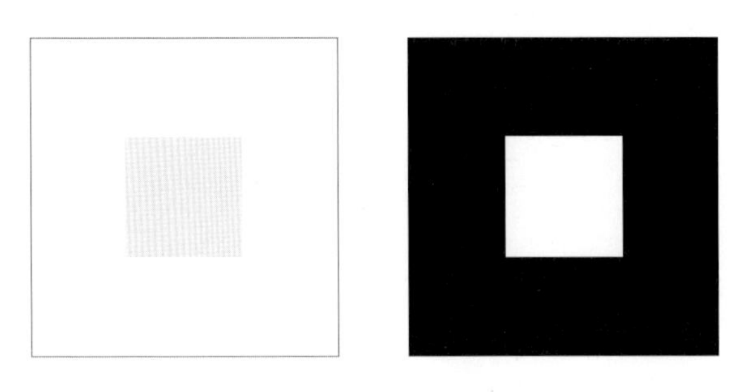

[그림 3-3] 명도 대비

(3) 채도 대비

채도가 다른 두 색을 인접시켰을 때 채도가 낮은 색은 더욱 낮아 보이고, 채도가 높은 색은 더욱 높아 보이는 현상이다. 채도 대비가 나타날 경우 인접한 색은 더욱 선명하게 보인다.

[그림 3-4] 채도 대비

(4) 보색 대비

서로 보색이 되는 색상을 배색하였을 때 색상이 대비되어 더욱 뚜렷하게 보이는 현상으로 두 색은 서로의 영향으로 본래의 색보다 채도가 높아 보이고 선명하게 보인다.

[그림 3-5] 보색 대비

2. 색의 조화

1) 동류색의 조화

가장 가까운 색채의 배색은 보는 사람에게 친근감을 주며 조화를 느끼게 하는 기본적인 색상의 조화로서 동일 색상에서 명도, 채도 차이만으로도 이루어질 수 있다.

2) 유사색의 조화

색상환에서 가까운 위치에 있는 색상의 조화로 배색된 색채들이 서로 공통된 상태와 속성을 가질 때 서로 조화된다. 유사색의 조화는 상대 색의 명도, 채도의 높고 낮음에 따라 변화를 줄 수 있다.

3) 보색의 조화

속성이 서로 반대되는 색채로 배색되어 조화되는 것을 말하는데 이는 강한 변화로서 신비로운 느낌을 줄 수 있다. 강렬한 보색 대비일 경우에는 명도를 높이거나 채도를 낮추어서 부드러운 조화를 도모할 수 있다.

보색의 배색은 생동감 있고 강한 느낌을 주는데 너무 많은 색이나 넓은 면적의 사용은 바람직하지 않다.

동류색의 조화

유사색의 조화

보색의 조화

[그림 3-6] 색의 조화

3. 색채 배색

1) 색상 배색

3~5가지 다른 색상을 사용하고 비슷한 톤끼리의 배색 및 난색을 많이 활용하여 배색 효과를 높인다.

2) 톤 배색

색상의 종류는 2~3가지 내외로 줄이고 명도 차를 주어 톤을 변화시키며 무채색을 사용하여 명암을 조절한다.

3) 통일

동일 색상, 유사 색상 및 유사 톤으로 배색하여 통일 효과를 높인다.

4) 대비

보색, 반대 색상으로 대비시키고 명암이 확실한 색 및 난색과 한색의 조합이 효과적이다.

5) 그러데이션(Gradation)

소프트한 색에서 하드한 색, 하드한 색에서 소프트한 색으로 톤을 차례로 변화시켜 배색한다.

6) 세퍼레이션(Separation)

어두운색과 밝은색을 교대로 나열하여 명도 차를 주거나 난색과 한색을 교대로 배열하여 색상 대비감을 준다.

4. 배색 이미지

배색은 두 가지 이상의 색을 잘 어울리도록 배치하는 것으로 색의 배색을 통하여 새로운 이미지를 표현할 수 있으며 그 고유색이 지닌 이미지만이 아닌 다양한 느낌을 줄 수 있다.

[표 3-1] 배색 이미지

이미지 구분		내용	배색
화려한 이미지	Pretty	귀여운, 사랑스러운	
	Casual	즐거운, 쾌활한	
	Dynamic	활동적인, 박력 있는	
	Gorgeous	매력적인, 원숙한	
	Wild	힘 있는, 야생적인	

수수한 이미지	Romantic	감미로운, 청초한	
	Elegant	여성적인, 우아한	
	Natural	자연스러운, 전원적인	
	Classic	고풍스러운, 고전적인	
	Chic	도회적인, 세련된	
	Dandy	신사적인, 남성적인	
	Formal	정식의, 엄격한	
산뜻한 이미지	Clear	청아한, 깔끔한	
	Cool Casual	경쾌한, 차가운	
	Modern	진보적인, 합리적인	

5. 색채 이미지 활용

색은 보는 사람들의 경험과 생활환경 및 시대에 따라 서로 다른 연상을 하는 것이 색채 이미지이다.

색채 이미지는 다양하며 개인차가 있지만 많은 사람들이 느끼는 공통적인 부분이 있다. 예를 들면 난색 계열 색상은 따뜻하고 활동적인 이미지와 정서적인 면이 강하게 나타난다. 한색 계열은 시원하고 차가운 이미지로 생리적 기능을 억제하는 작용이 있다.

푸드 코디네이션의 효과를 높이기 위해서는 사람의 심리나 감정을 이용한 색채 활용이 필요하며, 이미지 표현을 구체화할 수 있다.

한색

난색

[그림 3-7] 색채 이미지

1) 계절 감각

계절의 감정을 색채로 느낄 수 있는데 계절 컬러로서 자연환경의 색은 사계절을 통해 그대로 사용되고 있지만 겨울과 여름에는 계절의 반대되는 색채를 사람들은 추구하려고 한다.

2) 공감각

색의 감각은 다른 미각, 후각, 청각, 촉각 등과 함께 뇌에서 의식된다. 그러므로 색을 보고 맛과 냄새, 음과 촉감 등이 공명적으로 느껴지는데 색이 다른 감각 기관의 느낌을 수반하는 것을 색의 수반 감정이라고 말하며 이를 공감각이라고 한다.

(1) 색채와 미각과의 관계

황색의 마아가린이 흰색의 버터보다 더 미각을 느끼게 하며 빨갛게 잘 익은 과일에서 푸른 설익은 과일보다 더 미각을 느낀다.

주황색은 강하게 식욕을 느끼게 하는 색이며 맑은 황색, 맑은 녹색, 맑은 갈색도 식욕을 촉진하는 색채이다. 핑크, 적자색 등도 미각과 관계하며 난색 계열은 단맛을 연상시킨다.

(2) 색채와 냄새와의 관계

사람들은 생활 주변의 대상과 동일한 색채를 볼 때 그 색에 수반되는 냄새, 감정을 가지게 된다. 오렌지색은 톡 쏘는 듯한 냄새의 색을 느끼게 하며, 솔잎색에서는 솔의 향기를 느끼게 하는데 일반적으로 좋은 냄새의 색은 맑고 순수하고 섬세한 색들로써 밝고 해맑은 고명도의 색상이다.

(3) 색과 촉감과의 관계

밝은 톤의 색에서는 광택이 있고 미끄러운 느낌, 은어색에서 딱딱하고 찬 느낌, 따뜻하고 밝은 색상에서 부드러운 느낌, 진한 회색 기미의 색에서 꺼칠꺼칠한 느낌, Olive green, Olive yellow 색에서는 끈끈한 촉감 등을 느끼는 경우가 있다.

(4) 색과 기호와의 관계

사람들은 모든 색을 좋아하는 것이 아니라 어떤 일정한 색에 대한 뚜렷한 기호를 가지고 있다. 색채의 기호성은 천차만별이며 성별, 연령, 지역, 민족 등으로 구별하여 조사한다면 그 구분에 따라 기호성의 특징이라고 하는 일반성을 찾아낼 수가 있다. 대체로 젊은이는 가볍고 밝은색을 선호하며, 성인은 풍부하고 화려한 색을 좋아한다. 어두운색은 겨울철에 좋아하며 밝은색은 여름철의 기호색이다.

(5) 색과 상징과의 관계

흰색에서 백의민족을 연상하는 것처럼 색의 연상이 개인의 차이를 초월하면 사회적, 지역적, 보편성을 지닌 색으로써 상징적인 성격을 가지게 된다.

컬러 심볼(color symbol)은 두 가지 측면이 있는데 인간의 마음에 작용하는 정서적 반응과 그 색을 국가와 사상 또는 규칙의 표시색으로 하려는 사회적 규범이 있다.

적색은 정서적 반응으로 정열과 불을 연상하기도 하며 사회적 규범으로 위험신호를 나타낸다. 또한, 올림픽 마크의 5색은 오대륙을 상징하는 컬러 심볼이다.

(6) 기호 및 중요 자극에 따른 색채

① 식욕을 촉진시키는 색은 주황색, 맑은 황색, 맑은 녹색, 맑은 브라운색이다.

② 갈증은 목마른 느낌과 물의 필요함을 의미하며, 색채로는 황색 기미의 브라운, 황토색, 적색 기미의 황색은 마른 느낌을 준다. 또한, 녹색 기미의 청색과 청색은 물을 나타낸다.

③ 성적 충동은 사랑과 에로티시즘으로 표현되며 적색과 라일락색이 사용된다.

④ 휴식의 의미는 청색과 녹색이 사용된다.

⑤ 지위와 명성은 자색, 붉은 포도주색, 백색, 황금색, 흑색 등이 사용된다.

(7) 음식과 색상과의 관계

① 빨간색

정열, 사랑, 따뜻함을 상징하며, 달콤하고 따뜻하며 진한 맛을 나타낸다.

식품으로는 딸기, 토마토, 체리, 사과, 수박, 석류, 육류 및 붉은살 생선 등이 있다.

[그림 3-8] 빨간색 식품

② 주황

주황색은 식욕을 돋우는 대표적인 색으로 따뜻함, 즐거움, 친근함, 햇살 등을 연상시키고, 풍요로움과 미래 지향적인 이미지를 가지고 있다.

식품으로는 오렌지, 호박, 파파야, 달걀노른자, 감, 당근, 귤, 살구 등이 있다.

[그림 3-9] 주황색 식품

③ 노랑

노랑은 생동감과 발랄한 느낌과 시선을 집중시키는 효과가 있는 색으로 희망, 행복, 유쾌, 기쁨 등의 이미지를 가지고 있다.

노란색 음식은 따뜻하고 신맛과 달콤한 맛을 느끼게 하여 식욕을 촉진시키고 음식의 맛을 향상시키는 역할을 한다.

식품으로는 바나나, 레몬, 파인애플, 옥수수, 참외, 유자, 치자, 울금 등이 있다.

[그림 3-10] 노란색 식품

④ 초록

초록색은 신선하며 자연스러운 느낌을 주며 신뢰, 번영의 이미지를 지닌다.

밝은 녹색은 상큼한 맛, 어두운 녹색은 쓴맛을 느끼게 하며 녹색이 노랑과 배색되면 신맛이, 갈색과 배색되면 텁텁하고 쓴맛이 느껴진다.

식품으로는 시금치, 부추, 청포도, 완두콩, 브로콜리, 오이, 샐러리, 상추 등이 있다.

[그림 3-11] 초록색 식품

⑤ 파랑

파랑색은 차분하고 신뢰감을 주며 상쾌함과 건강을 나타낸다.

파랑색은 얼음을 연상시키며 어떤 음식에 쓰여도 식욕을 돋우지 못하지만 흰색과 같이 사용하거나 음식의 배경색으로 활용하면 효과적이다.

[그림 3-12] 파랑색

⑥ 보라

보라색은 고급스럽고 신비로운 이미지를 갖는다.

보라색 음식들은 감수성을 조절하고, 심신의 긴장을 풀어 주며, 식품으로는 포도, 가지, 블루베리 등이 있다.

[그림 3-13] 보라색 식품

⑦ 자주

자주색은 이지적이며 세련된 이미지를 가지며 자주색 음식들은 달콤함, 진한 맛, 자극적인 맛을 느끼게 한다. 식품으로는 자두, 적채, 순무, 로제 와인 등이 있다.

[그림 3-14] 자주색 식품

6. 음양오행설과 한국 음식의 색

오행설은 사물을 오행의 특성에 따라 분류하여 정리한 것으로, 오행 속성은 목(木), 화(火), 토(土), 금(金), 수(水) 자체와 같은 것이 아니라 사물의 속성 및 작용이 오행의 특성을 가졌다고 보고 그 특성에 따라 분류한 것이다.

사물의 각각 다른 성질, 작용과 형태에 따라 그들을 오행에 귀속시켜 인체의 장부, 조직 사이의 복잡한 관련성 및 외계 환경과의 상호관계를 밝혔다

[표 3-2] 음양오행설과 오방색

자연계					오행(五行)	인체				
오미	오색	오기	오방	오계		오장(五臟)	육부(六腑)	오관(五官)	형체(形體)	정지(情志)
산(酸)	청(靑)	풍(風)	동(東)	춘(春)	목(木)	간(肝)	담(膽)	눈(目)	근(筋)	怒
고(苦)	적(赤)	서(暑)	남(南)	하(夏)	화(火)	심(心)	소장(小腸)	혀(舌)	맥(脈)	喜
감(甘)	황(黃)	습(濕)	중(中)	장하(長夏)	토(土)	비(脾)	위(胃)	입술(口)	육(肉)	思
신(辛)	백(白)	조(燥)	서(西)	추(秋)	금(金)	폐(肺)	대장(大腸)	코(鼻)	피모(皮毛)	悲
함(鹹)	흑(黑)	한(寒)	북(北)	동(冬)	수(水)	신(腎)	방광(膀胱)	귀(耳)	골(骨)	恐

[표 3-3] 한국 음식의 오색(五色)과 오미(五味)

오색 고명		식품	기본 오미		식품	오미의 효능
푸른색	靑	미나리 호박 오이 실파	신맛	酸	식초, 감귤류의 즙	신맛을 가진 식품은 간(肝)에 작용하여 간장을 보양하고 근육을 수축하는 작용이 있어 만성 설사, 빈뇨 등에 효과적이나 이들 식품을 과식하면 그 수축작용으로 인하여 몸 안의 발산을 방해한다.
붉은색	赤	고추 대추 당근	쓴맛	苦	생강	쓴맛의 식품은 심(心)에 작용하여 심장을 보양하며 몸이 열을 없애고 습기를 제거하는 작용이 있으나 과식하면 양기를 잃게 된다.

노란색	黃	달걀 노른자	단맛	甘	설탕 꿀 조청	단맛을 가진 식품은 비(脾)에 작용하여 비장을 보양하고 위의 긴장을 완화하여 통증을 없애준다.
흰색	白	달걀흰자	매운맛	辛	고추 겨자 후추 생강	매운맛의 식품은 폐(肺)에 작용하여 폐를 보양하며 몸을 따뜻하게 해주고 기혈(氣血)의 순환을 좋게 하여 멈춰 있는 것을 발산시켜 주는 작용이 있어 감기 등에 효력이 있다.
검은색	黑	석이버섯 목이버섯 표고버섯	짠맛	鹹	소금 간장 된장 고추장	짠맛의 식품은 신(腎)에 작용하여 신장을 보양하며 응어리를 연화시키는 작용이 있어 변비 등에 효력이 있으나 과식하면 몸의 정력이 약해진다.

구절판

신선로

잡채

송편

김치

[그림 3-15] 한국 음식의 오방색

실습 / 라면 푸드 코디네이션 기획하기

■ 참조 자료

- 푸드 광고 및 동영상
- 요리 전문 잡지
- 외식업체 홍보물
- 각종 문구류

■ 기기(장비·공구)

- 프레젠테이션 프로그램
- 문서 작성 프로그램
- 포토샵 프로그램
- 디지털카메라 및 스마트폰

■ 유의사항

- 푸드 관련 광고와 동영상, 요리 전문 잡지 및 외식업체 자료는 반드시 출처를 확인하고 기록하도록 한다.
- 광고와 동영상 및 인쇄매체 등의 자료는 아이디어 개발에 활용하고 동일하게 사용하지 않는다.

■ 수행 순서

1. 패스트푸드의 종류를 구분하고 팀원들의 의견을 취합한 후, 인쇄 및 광고 매체 등에서 관련 자료를 수집한다.

2. 패스트푸드 관련 자료를 분석한 후, 미의 형식 원리를 충족시킬 수 있는 음식을 선별한다.
3. 자료는 스크랩하고 식품회사의 UCC 동영상은 검색한 후, URL을 기록한다.
4. 광고, UCC 동영상, 인쇄 및 광고 매체에서 조사한 자료를 요약 정리한다.
5. 라면 푸드 코디네이션 기획안을 작성한 후, 실습할 식재료 구매 요구서를 작성한다.
6. 팀별로 콘셉트에 알맞은 푸드 코디네이션을 하고 결과물이 완성되면 사진 촬영을 한다.
7. 팀원들의 의견을 수렴한 후, 최종 사진을 선택하고, 포토샵 프로그램을 활용하여 편집한다.
8. 팀별로 보고서를 작성하고, 각 팀에게 5~10분 정도 프레젠테이션을 한다.

TIP

- 온라인 사료는 국내와 외국의 작품을 구분하여 수집한다.
- 인쇄 매체는 잡지, 사보, 요리책, 포스터, 카탈로그, 리플릿, 브로슈어, 메뉴판 등이며 영상 매체는 광고(CF), ucc 동영상, 음식 전문 방송 프로그램, 홈쇼핑 등으로 구분한다.
- 패스트푸드 코디네이션 최종 기획안은 팀원들에게 다양한 아이디어를 도출하도록 한다.

라면 푸드 코디네이션 기획안 작성 양식

날짜		참여 학생(학번/이름)	
라면 푸드 코디네이션 기획안			

구분	내용
Concept	라면 광고 촬영을 위한 주제 선정
푸드 코디네이션	음식 모양, 푸드 디자인 및 장식 방법
색채 계획	배색 기법
재료	식재료 및 소품 등
사진	촬영 사진 편집본
Discussion	총평 및 느낀 점

04

FOOD COORDINATION & CAPSTONE DESIGN

음식 문화

1. 음식 문화의 이해
2. 한국의 음식 문화
3. 중국의 음식 문화
4. 일본의 음식 문화
5. 서양의 음식 문화

CHAPTER 04 음식 문화

학습 내용
• 한국의 음식 문화와 특징을 이해한다. • 중국의 음식 문화와 특징을 이해한다. • 일본의 음식 문화와 특징을 이해한다. • 서양의 음식 문화와 특징을 이해한다.

1. 음식 문화의 이해

식문화는 음식을 기반으로 하여 삶을 풍요롭고 편리하게 만들어 가기 위하여 사회 구성원에 의해 습득, 공유, 전달되는 행동 양식으로 생활양식의 과정 및 그 과정에서 이룩해 낸 물질적, 정신적 소산을 말한다.

푸드 코디네이션은 현대적 편리성을 갖춘 생활양식의 총체로써 음식 문화의 전통성 계승 및 현재와 미래를 접목시켜 식생활 발전을 도모해야 한다.

2. 한국의 음식 문화

한국 음식은 한국의 전통적 식재료를 사용해 고유의 조리 방법으로 만들어진 음식을 말하며 우리 민족의 지리적, 사회적, 문화적 환경에 따라 형성되고 발전되어 왔다.

우리나라는 사계절이 뚜렷하므로 농업의 발달로 쌀과 잡곡을 주식으로 하며 수조육류, 채소류의 조리법 및 장류, 김치류, 젓갈류 등의 발효식품과 식품 저장 기술이 일찍부터 발달하였다.

1) 한국 음식의 특징

- 주식과 부식이 분리되어 발달되었다.
- 음식의 간을 중요시 한다.
- 곡물 조리법이 발달되었다.
- 조미료, 향신료의 이용이 섬세하고 음식마다 대부분 비슷하게 사용된다.
- 약식동원이라는 식생활관으로 음식이 몸을 보하고 병을 예방하여 회복을 돕는다고 생각하고 여러 가지 약재가 음식에 쓰이는 조리법이 발달하였다.
- 식품의 배합이 합리적으로 잘 이루어졌다.
- 음식 조리법이 복잡하며 대부분 미리 썰어서 조리하고 다지고 잘게 써는 방법이 많이 사용된다.
- 유교 의례를 중히 여기는 상차림이 발달하였다.
- 공동식의 풍속이 발달하였다.
- 절기에 맞는 명절 음식의 풍습이 보편화되었다.
- 술, 장류, 젓갈류, 김치류 등 발효식품이 발달하였다.
- 궁중 음식, 반가 음식, 서민 음식을 비롯하여 각 지역에 따라 향토적 음식이 발달하였다.
- 고춧가루, 마늘, 생강, 파 등을 이용한 자극적인 음식을 즐긴다.
- 주체성이 뛰어나다.

2) 한국 음식의 지역별 특징

(1) 서울 음식

서울은 궁중 음식 문화의 전통이 이어져 내려오는 곳으로 격식을 중히 여기며 의례적인 것도 중요시한다.

음식은 전국 각지에서 가져온 고기, 생선, 채소 등 여러 가지 재료를 활용하여 화려한 음식을 만들었다.

음식의 가짓수는 많고, 양은 많지 않으며, 담백한 맛과 멋을 추구한다.

대표적인 음식은 설렁탕, 장국밥, 임자수탕, 너비아니구이, 탕평채, 구절판, 신선로 갈비찜, 두텁떡, 다식, 제호탕, 식혜 등이 있다.

(2) 경기도 음식

경기도는 산과 강이 어우러져 있어 해산물, 농산물과 산채 등 여러 가지 식품이 생산되는 지역이며 고려 시대의 도읍지인 개성과 인접하여 전통 음식이 많다.

개성은 음식 재료가 다양하게 사용되고 음식에 정성이 많이 들며 사치스럽고 호화롭다.

경기 음식은 개성을 제외하고 전반적으로 소박한 특징을 지니며 음식의 종류가 다양하다. 또한, 간은 세지 않고 서울 음식과 비슷하며 양념도 많이 쓰지 않는다.

대표적인 음식은 조랭이떡국, 개성편수, 홍해삼, 여주산병, 양주메밀국수, 닭젓국 풋고추부각, 보쌈김치, 개성주악 등이 있다.

(3) 강원도 음식

강원도는 지역에 따라 기후와 지형이 다르기 때문에 식품의 이용에도 차이가 있다.

영동 지방에서는 명태, 오징어, 미역 등 해초가 많아 이를 가공한 황태, 마른 오징어, 마른 미역 등이 많으며 영서 지방인 산악이나 고원 지대에서는 밭농사가 발달하여 감자, 옥수수, 메밀 등의 잡곡과 도토리가 많이 생산되어 이것을 이용한 음식이 발달하였다.

강원도 음식은 육류나 젓갈을 적게 쓰고 멸치나 조개를 넣어 음식의 맛을 낸다.

일반적으로 맵지 않고 담백한 음식이 많으며 전체적으로 먹음직스럽고 소박한 것이 특징이다.

대표적인 음식은 메밀막국수, 올챙이국수, 감자송편, 곤드레밥, 강냉이밥, 오징어순대, 생더덕구이, 황태구이, 석이버섯나물, 옥수수죽, 도토리묵, 올챙이국수 등이 있다

(4) 충청도 음식

충청북도는 곡식과 채소가 많이 생산되며, 충청남도는 서해안과 인접하여 해산물이 풍부하다.

충청도는 쌀이 많이 생산되어 죽, 국수, 수제비 등과 같은 음식이 주류를 이루고 있으며 내륙 지방은 자연 그대로의 맛을 살린 말린 생선이나 소금에 절인 생선을 많이 사용한다.

충청도 음식은 양념을 많이 사용하지 않으며 국물을 낼 때에는 닭, 굴 또는 조개 등을 많이 사용하여 담백하고 구수한 맛을 낸다. 또한, 음식의 양이 많으며 평범하고 꾸밈이 별로 없는 소박한 특징이 있다.

대표적인 음식은 청국장찌개, 제육고추장구이, 호박 꿀단지, 장떡, 다슬기국, 청포묵, 게국지김치, 섞박지 등이 있다.

(5) 전라도 음식

전라도는 호남평야와 바다가 인접해 있어 풍부한 곡식과 각종 해산물, 산채 등 다른 지방에 비해 식재료가 풍부하여 음식의 종류가 다양하다.

전주, 광주를 중심으로 정성들인 사치스러운 음식이 발달하였으며 반찬의 가짓수가 많다.

따뜻한 기후의 영향으로 젓갈이 많으며 음식에 고춧가루, 젓갈류 등의 양념을 많이 하여 음식의 간이 대체로 센 편이며 맵고, 짜며 자극적인 맛이 특징이다.

대표적인 음식은 전주비빔밥, 콩나물국밥, 추어탕, 갓김치, 각종 젓갈, 애저찜, 홍어찜, 쏙대기 부각, 동아석박지, 고들빼기김치, 갓김치 등이 있다.

(6) 경상도 음식

경상도는 낙동강 주위의 기름진 농토에서 많은 농산물이 생산되며, 동해와 남해를 접하고 있어 해산물과 식재료가 풍부하다.

경상도에서는 곡물 음식 중에서 국수를 즐기며 장국의 국물은 멸치나 조개를 많이 쓴다. 또한, 해산물을 이용한 음식이 매우 많으며 멸치젓국과 된장으로 간을 맞추는 특징이 있다.

경상도 음식의 맛은 맵고 간은 세게 하며 멋을 내거나 사치스럽지 않고 소담스럽게 만든다.

대표적인 음식은 진주비빔밥, 통영비빔밥, 헛제사밥, 닭칼국수, 재첩국, 단풍콩잎장아찌, 미더덕찜, 안동식혜, 모시잎송편, 경주술 등이 있다

(7) 제주도 음식

제주도는 섬이라는 자연적 조건으로 쌀은 거의 생산하지 못하고 맥류(麥類), 잡곡이 풍부하며 독자적인 음식 문화를 이루고 있다.

제주도는 농촌, 산촌, 어촌으로 구분되며 그 생활 상태에 따라 다른 특성을 지닌다. 농촌은 농산물을 경작하고, 산촌은 산을 개간하여 농사를 짓거나 버섯, 산나물을 채취하여 생활하며 해촌은 해안에서 고기를 잡거나 잠수어업으로 해산물을 수확한다.

제주도 음식은 양념을 적게 사용하여 식재료가 가지고 있는 자연의 맛을 그대로 살리며 조리법이 간단한 음식이 많다.

제주도에서는 된장으로 맛을 내는 경우가 많으며 더운 지방이기 때문에 간이 대체적으로 짠 편이다.

대표적인 음식은 어죽, 전복죽, 꿩모밀국수, 고사릿국, 갈치호박국, 자리물회, 옥돔구이, 오분재기찜, 전복회, 다금바리회, 돼지고기구이, 소라구이, 표고버섯

전, 빙떡 등이 있다.

(8) 황해도 음식

황해도는 쌀과 메조, 기장, 밀, 콩, 팥 등의 잡곡이 풍부하며 밀국수나 닭고기, 꿩고기 등을 많이 먹는다.

황해도 음식은 담백하고 기교를 부리지 않아 소박하며 큼직하고 푸짐한 특징이 있다. 또한, 황해도 김치는 독특한 맛을 내는 향신료를 사용하며 김치의 맛은 맵지 않고 맑고 시원하다.

황해도에서는 국수나 찬밥을 동치미 국물에 말아 먹으며 해주비빔밥은 황해도의 유명한 음식으로 담백하며 깔끔한 맛을 자랑한다.

대표적인 음식은 김치말이, 호박만두, 잡곡밥, 배추김치누름적, 연안식해, 되비지탕, 동치미, 분디장아찌 등이 있다.

(9) 평안도 음식

평안도는 평야가 넓어 곡식이 많이 생산되고 중국과의 교류가 많은 지역으로 진취적이고 대륙적이다.

평안도 음식은 먹음직스럽고 큼직하며 메밀과 감자녹말을 사용하여 냉면과 만두를 만들어 먹는다.

평안도에서 겨울에는 냉면, 여름에는 뜨거운 장국의 어복쟁반을 즐겨 먹고 기름진 육류 음식을 많이 먹으며 음식의 간은 대체로 맵고 짜지도 않다.

대표적인 음식은 평양냉면, 만둣국, 어복쟁반, 온반, 동치미, 녹두전, 노티떡 등이 있다.

(10) 함경도 음식

함경도는 밭곡식이 발달하여 좋은 품질의 잡곡이 많으며, 동해에서는 동태를 비롯해 질 좋은 생선이 다양하게 잡힌다.

함경도 음식은 모양이 크고 풍성하며 장식이나 기교를 부리지 않아 사치스럽지 않다.

음식의 간은 싱겁고 담백하지만, 마늘·고추 등 양념을 많이 쓰고 강한 맛을 즐긴다.

대표적인 음식은 닭비빔밥, 가릿국, 옥수수죽, 얼린 콩죽, 감자국수, 회냉면, 동태순대, 도루묵식혜, 감자막가리만두 등이 있다.

3) 아름다운 한국 음식

음식은 지역의 자연적·인문적 특성을 반영하는 문화적 요소로 나라와 민족의 과거, 현재, 미래의 모습이 담겨 있다.

한국 음식에는 조상들이 물려준 생활 모습과 삶의 철학이 녹아 있으며 맛있고 아름다우며 건강한 음식으로 문화적 가치가 높다. 따라서 음식은 단순히 생존을 위한 수단이 아닌 문화로 이해해야 하며 그 속에 담긴 의미를 살리고 계승, 발전시켜야 한다.

[표 4-1] 아름다운 한국 음식 100선 및 한국 음식 BEST 12

아름다운 한국 음식 100선			
1. 흰밥	2. 오곡밥	3. 영양돌솥밥	4. 비빔밥
5. 장국밥	6. 김밥	7. 콩죽	8. 팥죽
9. 잣죽	10. 호박죽	11. 장국죽	12. 전복죽
13. 흑임자죽	14. 국수장국	15. 해물칼국수	16. 콩국수
17. 물냉면	18. 비빔냉면	19. 만둣국	20. 편수
21. 어만두	22. 떡국	23. 북엇국	24. 조개탕
25. 미역국	26. 무맑은장국	27. 갈비탕	28. 설렁탕
29. 삼계탕	30. 육개장	31. 임자수탕	32. 된장찌개
33. 게감정	34. 순두부찌개	35. 굴두부찌개	36. 김치찌개

37. 도미면	38. 두부전골	39. 버섯전골	40. 신선로
41. 어복쟁반	42. 쇠갈비찜	43. 닭찜	44. 대하찜
45. 떡찜	46. 오이선	47. 시금치나물	48. 버섯나물
49. 구절판	50. 잡채	51. 탕평채	52. 더덕생채
53. 참나물생채	54. 겨자채	55. 도토리묵무침	56. 쇠고기 장조림
57. 낙지볶음	58. 궁중떡볶이	59. 너비아니	60. 불고기
61. 쇠갈비구이	62. 제육구이	63. 북어구이	64. 조기양념구이
65. 육원전	66. 생선전	67. 해물파전	68. 빈대떡
69. 호박전	70. 화양적	71. 미나리강회	72. 어채
73. 양지머리편육	74. 북어보푸라기	75. 삼합장과	76. 마늘장아찌
77. 오징어젓	78. 배추김치	79. 백김치	80. 보쌈김치
81. 총각김치	82. 깍두기	83. 나박김치	84. 장김치
85. 오이소박이	86. 호박떡	87. 송편	88. 약식
89. 증편	90. 경단	91. 약과	92. 매작과
93. 잣박산	94. 다식	95. 오미자편	96. 식혜
97. 수정과	98. 매실차	99. 인삼차	100. 오미자화채

한국 음식 Best 12			
1. 비빔밥	2. 삼계탕	3. 쇠갈비구이	4. 김밥
5. 순두부찌개	6. 해물파전	7. 호박죽	8. 잡채
9. 배추김치	10. 냉면	11. 불고기	12. 호박떡

[그림 4-1] 아름다운 한국 음식

3. 중국의 음식 문화

중국 음식은 중국에서 발달한 요리를 총칭한다. 각 지방의 기후, 풍토, 산물 등 각기 다른 특색이 있으며 그에 따라 경제, 지리, 사회, 문화 등 다양한 요소가 작용하여 4대 요리를 형성한다.

1) 중국 음식의 특징

- 식재료를 다양하게 사용하고 높은 온도에서 단시간 조리하여 재료의 특성을 살린다.
- 100여 종의 향신료를 사용하며 조리법은 40여 종 넘게 발달하였다
- 음식 조리 시 불의 가감에 의한 색, 양, 미, 향, 기를 고루 갖춘 요리를 만든다.
- 음식의 신맛, 쓴맛, 단맛, 매운맛, 짠맛이 인간의 오장을 보양하는 불로장수 사상으로 오미의 배합이 발달하였다
- 한 가지 식품을 전부 먹는 것이 건강에 좋다는 일물 전체식 사상으로 생선은 머리부터 꼬리까지, 채소는 뿌리 통째로 먹고 남기지 않는다.
- 상차림은 한 그릇에 담긴 음식을 여러 사람이 나누어 먹는다.
- 일상식은 판(곡물 위주의 주식류), 차이(고기, 채소, 생선 등의 부식류)이며, 주식은 개별 제공하고 부식은 큰 접시 가운데 놓고 모두 같이 식사한다.
- 춘절(음력 1월 1일), 원소절(음력 1월 15일), 한식(동지 후 105일째 되는 날), 중추절(음력 8월 15일)에는 의미를 담은 시절 음식이 발달하였다.

2) 중국 음식의 지역별 구분

중국 음식은 지역적인 특징에 따라 북경, 상해, 사천, 광둥요리로 구분한다.

(1) 북경요리

궁중의 전통적인 요리이며 낮은 기온 때문에 높은 열량이 요구되어 육류를 이용한 튀김요리, 볶음요리가 발달하였다. 음식의 맛은 신선함, 부드러움, 담백한 맛이 특징이며 대표적인 음식은 베이징 카오야, 자장면, 만두, 교자 등이 있다.

(2) 상해요리

따뜻한 기후와 풍부한 농산물 및 여러 가지 해산물의 집산지로 미곡을 바탕으로 한 요리 및 해산물 요리가 발달하였다.

대표적인 음식은 푸룽칭셰, 동파육, 화쥐안, 하자대오삼 등이 있다

(3) 사천요리

여름에는 덥고, 겨울에는 추우며 낮과 밤의 기온 차가 크므로 더위와 추위를 이겨내기 위해 매운 고추, 마늘, 생강 등 자극적인 향신료와 식재료를 많이 사용한다. 채소와 육류를 이용한 볶음이나 찜 요리가 많으며 대표적인 음식은 마파두부, 마라탕, 양러우궈쯔, 간샤오밍샤 등이 있다,

(4) 광둥요리

외국과의 교류가 빈번하여 중국의 전통적인 요리와 국제적인 요리관이 정착되어 독특한 특성을 지닌다.

주재료는 소고기, 해산물과 생선, 서양 채소 등을 사용하며 자연이 지닌 맛을 유지하도록 살짝 익히고 기름을 적게 사용한다.

대표적인 음식은 딤섬, 차사오, 피옌피루주, 구라오러우, 차오판, 불도장 등이 있다.

4. 일본의 음식 문화

일본 음식은 섬나라인 자연조건으로 신선한 해산물을 응용하는 조리 기술이 발달하였으며, 식재료 본래의 맛과 색을 살리고 그릇과의 조화를 통해 시각적으로 아름다운 일본 요리가 발달하였다.

1) 일본 음식의 특징

- 일본은 사계절의 구분이 뚜렷하여 각각의 계절마다 독특함이 살아 있는 일본만의 요리가 발달하였다.
- 주식으로 쌀밥을 먹으며 맑은 국, 날것, 구이 및 조림으로 이루어진 일즙삼채(一汁一菜)가 일반적인 상차림이다.
- 일본은 지리적 특성으로 풍부한 어장이 많아 회(사시미) 요리가 발달하였다
- 재료의 본 맛을 중요시하여 조미료를 적게 사용하고 자연 그대로의 형태를 살려 조리한다.
- 상차림은 재료의 조리법이 서로 다른 음식으로 구성되며 음식 종류에 따라 담는 그릇이 각각 다르다.

2) 일본 음식의 지역별 구분

(1) 관동 지방

무가(武家) 및 사회적 지위가 높은 사람들에게 제공하기 위한 의례 요리가 발달하였다.

국물이 적고 설탕과 진간장을 조미료로 주로 사용하며 맛이 달고 진하며 짠 것이 특징이다.

대표적인 음식은 생선회, 생선초밥, 덴푸라, 민물장어, 메밀국수 등이 있다.

(2) 관서 지방

각지의 식재료가 유입되어 실용적이고 합리적인 요리가 발달하였다.

가이세끼 요리가 중심으로 관동 지방 요리에 비해 맛이 연하고 부드러우며, 설탕을 쓰지 않고 식재료 자체의 맛을 살린다.

대표적인 음식은 유도후, 유바, 오코노미야끼, 타코야끼 등이 있다.

3) 일본 음식의 형태와 종류

(1) 쇼진요리(정진 요리)

일본의 사찰 요리로 사원을 중심으로 발달한 요리이다.

불교사상으로 동물성 재료를 사용하지 않고 채소류, 곡류, 두류, 해초류로 요리한다.

(2) 혼젠요리(본선 요리)

관혼상제의 경우에 정식으로 차리는 의식 요리를 말한다.

음식은 식단의 국물요리와 반찬의 수에 따라 결정하고 상차림은 일즙삼채, 이즙오채, 삼즙칠채이다.

(3) 차가이세키요리(다회석 요리)

차를 마시기 전에 내는 요리이며 다도의 예의범설에 따라 음식을 맞춰 제공한다.

차가이세키요리는 양보다 질을 중시하며 식재료 본연의 맛을 최대한 살리는 것이 특징이다.

(4) 가이세키요리(연회 요리)

모임에서 차려지는 연회용 요리이다.

혼젠요리와 차가이세키요리를 절충한 상차림으로 동일한 재료를 중복하여 사용하지 않는다.

5. 서양의 음식 문화

서양 음식은 유럽과 미국을 중심으로 발달한 요리를 말하며 각 나라의 자연환경과 역사, 기후, 풍토 및 민족의 특성에 따라 다양한 음식 문화를 형성하고 있다.

서양 음식은 프랑스를 비롯하여 이탈리아, 스페인 등 라틴 계열의 요리와 미국, 영국, 북유럽의 앵글로 색슨계 요리가 있다.

서양 음식의 대표적인 요리는 프랑스와 이탈리아 요리이며, 특히 프랑스 음식은 예술적 경지에 이른 요리라고 할 수 있다.

1) 서양 음식의 특징

- 서양 음식은 조리에 사용되는 식품의 사용이 광범위하고 재료의 분량과 배합이 체계적이고 과학적이다.
- 식품을 큰 덩어리로 조리하여 식탁에서 썰어 먹을 수 있도록 함으로써 조리 과정에서 발생할 수 있는 영양소의 손실을 최소한으로 줄이도록 하였으며 표준 레시피가 잘 구축되어 있다.
- 식품 재료는 수, 조, 육류가 많이 쓰이며 조미료는 조리 후 개인의 기호에 따라 조절할 수 있도록 주로 소금, 후추, 버터가 기본 조미료로 사용된다. 또한, 여러 가지 향신료와 주류를 사용하여 음식의 향미를 좋게 하며 서양요리에 어울리는 많은 종류의 소스가 발달되었다.
- 서양요리는 일정한 절차를 가진 음식들이 순서대로 제공되므로 최적의 온도에서 음식을 즐길 수 있다.

2) 서양 음식의 나라별 구분 및 특징

(1) 미국 음식

에스키모와 아메리칸 토착민을 제외하고는 세계 도처에서 모여든 이민자들로 구성된 나라이므로 여러 나라의 음식 문화를 받아들여 조리법에 특징이 없다.

국토가 넓은 미국은 지역별로 각기 다른 기후 때문에 얻어지는 음식 재료도 모두 다르고 교통 시스템과 유통망이 잘 발달되어 어느 지역에서든 다양한 재료를 즐길 수 있다. 풍부한 천연자원과 자연환경에서 얻을 수 있는 농, 축산물 산업의 활성화, 식품 가공과 저장, 포장과 유통 및 뛰어난 마케팅은 음식 문화를 더욱 발전시키고 있다.

대표적인 음식은 잠발라야, 검보, 크리올, 콘 수프, 핫도그, 햄버거, 바비큐 등이 있다.

(2) 영국 음식

영국 음식은 단순하고 자연스러운 특성을 지니며 다양한 감자 요리가 발달하였다.

홍차 문화의 발달은 영국의 정체성을 나타내며 식탁에서는 테이블 세팅 및 매너 등 격식을 중요시한다.

스코틀랜드 지역은 낙농 제품이 주생산품이며 오트밀을 이용한 식품과 튀김 요리가 많다.

웨일스 지역에서는 양고기를 많이 먹으며 북아일랜드 지역은 해산물을 이용한 음식이 많고 양고기와 고기류에 감자튀김, 샐러드를 곁들인 음식을 선호한다.

대표적인 음식은 로스트 비프, 하기스, 피시앤 칩스, 요크셔 푸딩, 스테이크 앤 키드니 파이, 비프 웰링턴, 뱅어 앤 매시, 토드 인 더 홀, 셰퍼드 파이 등이 있다.

(3) 프랑스 음식

프랑스는 중세부터 사회적 권위를 상징하는 귀족 중심의 사치스러운 고급 요리가 발달되어 이를 바탕으로 르네상스 및 근대의 음식 문화가 형성되었다. 그리고 이러한 전통은 현대에도 식생활에 대한 높은 가치를 부여하는 민족성으로 자리 잡게 되었다.

과거 프랑스 귀족들은 다양한 육류 요리를 즐겼으며 송아지고기, 쇠고기, 돼지고기, 가금류 등 육류의 고기 냄새를 없애기 위해 후추나 육두구 등의 다양한 향신료가 사용되었다

빵과 치즈 및 와인 문화가 발달하였고 생크림과 버터를 다양하게 활용하며 와인은 고급 이미지의 특성을 나타낸다.

프랑스는 다른 나라의 음식 문화를 수용하면서 발전해 왔으며 음식의 시각적인 면을 중시하고 맛의 조화를 추구한다.

대표적인 음식에는 에스카르고, 송로버섯, 푸아그라, 부이야베스, 샤토브리앙, 각종 빵과 치즈 등이 있다.

(4) 이탈리아 음식

이탈리아는 지리적인 특성 및 지중해성 기후의 영향으로 올리브기름과 토마토를 이용한 음식과 스파게티 등 밀가루 음식이 발달하였다.

이탈리아 음식은 르네상스 이후 상류층과 일반층의 음식 문화가 차별화에서 벗어 났으며 근대로 접어들면서 음식 문화의 지역성 극복 및 동질화를 이루게 되었다.

주요 농산물은 밀, 옥수수, 쌀, 감자, 사탕무, 포도, 올리브, 오렌지 등이 있으며 이탈리아 음식은 재료의 신선함을 살리고 자연적인 맛을 내며 육류와 빵으로 대표되는 동물성, 식물성 재료들이 이상적인 조화를 이룬다.

대표적인 음식에는 피자, 파스타,리조토, 브루스케타, 포카치아, 치아바타, 인살라타 카프레제 등이 있다.

(5) 독일 음식

독일 음식은 검소하고 감자가 주식으로 다양하게 이용되며 육류 가공 기술이 뛰어나 소시지와 햄의 음식 문화가 발달하였다.

독일은 지방마다 특색이 있으며 동부 지역은 캐러웨이 등의 강한 향신료를 많이 사용하며 북부 지역은 청어와 같은 생선을 많이 먹는다. 그리고 서부 지역은 음식의 양념이 강하지 않은 것이 특징이고, 남부 지역은 소시지와 맥주, 감자를 이용한 요리가 다른 지역에 비해 많다.

독일의 일상식은 아침 식사에 삶은 달걀은 꼭 먹으며, 점심에는 따뜻한 음식을 먹고 육류로 된 주요리에 채소 샐러드 등을 부요리로 먹는다. 그리고 저녁에는 찬 음식을 먹으며 빵에 가공식을 함께 먹는다.

대표적인 음식은 사워크라우트, 슈바인학세, 아이스바인, 크뇌델 등이 있다.

05

FOOD COORDINATION & CAPSTONE DESIGN

음식 사진의 이해와 촬영 기법

1. 음식 사진의 이해
2. 음식 사진의 촬영 시안 계획
3. 음식 사진의 촬영 스타일링
4. 음식 사진의 촬영 기법

CHAPTER 05

음식 사진의 이해와 촬영 기법

학습 내용

- 음식 사진의 기본 개념을 이해한다.
- 음식 사진의 촬영 시안 계획을 이해한다.
- 음식 사진의 촬영 스타일링을 이해한다.
- 음식 사진의 촬영 기법을 이해한다.

1. 음식 사진의 이해

사진은 그리스어의 빛(phos)과 그리다(graphos)의 합성어로 음식 사진은 연출된 요리를 카메라로 촬영하여 시각 이미지를 표현하는 것이다. 음식 사진의 촬영은 요리의 형태에 따라 앵글을 결정하고, 스타일링에 따른 프레임 범위를 설정해야 한다. 또한, 음식과 소품의 위치에 따라 가로와 세로 포맷을 결정하고 프레임 안의 요소들을 조형적으로 배치하는 계획이 필요하다.

일반적으로 음식 사진의 촬영은 사진작가들의 영역이지만, 푸드 코디네이터는 푸드 스타일링 연출 시 작품의 완성도를 높이고 사진작가들과 협업할 수 있도록 사진에 대한 기본 지식을 갖추어야 한다.

1) 사진(필름)의 구분

(1) 소형(135mm): 소형 사진은 조리 과정 등에 사용된다.

(2) 중형(120mm): 6×7, 6×9cm 등 중간 크기 사진으로 광고 촬영에 사용된다.

(3) 대형(view): 전문 사진가를 위해 설계된 시스템으로 4인치와 5인치가 있으며 표지 및 광고 사진에 사용한다.

2) 사진 구도와 표현 효과

(1) 삼각형 구도: 안정감, 통일감

(2) 수평선 구도: 안정감, 확대감

(3) 수직선 구도: 엄숙함, 상승감

(4) 사선 구도: 속도감, 방향감

(5) 대각선 구도: 통일감, 집중감

(6) 역삼각형 구도: 율동감, 깊숙함

(7) 호선 구도: 움직이는 느낌, 강한 원근감

(8) S형 구도: 펼친 느낌, 상승감

(9) 마름모형 구도: 원만함과 만족감

3) 촬영 방향 및 배율

(1) Format: 가로와 세로 비율

(2) Angle: top, 45°, 사선, 90°

(3) 조명 방향: 주 조명 방향을 설정(사방이 막히면 사진의 입체감이 없으므로 오른쪽, 왼쪽의 방향으로 조명을 설정해 줘야 한다.)

4) 시각적 오차

(1) 접시 등을 겹쳐 놓을 때, 앵글(angle)에 따른 두 접시의 위치를 조율한다.
(2) Glass 및 접시: 각도에 따라 시각적으로 중심이 달라질 수 있으므로 음식을 조정해서 담고 사진을 촬영한다.
(3) 접시 간격은 카메라 앵글을 보며 조절한다.
(4) 음료와 간장 종류의 투명도 및 색의 농도는 조명 효과를 활용한다.

5) 카메라 종류와 조명

(1) DSLR 카메라(디지털 일안 반사식 카메라), SLR 카메라(일안 반사식 카메라 , SLR 카메라(일안 반사식 카메라), Polaroid 카메라
(2) 조명: 촬영 시 노출 측정 등의 체크와 조명 및 장비 등의 다양한 활용

2. 음식 사진의 촬영 시안 계획

시안 계획은 기획한 음식의 콘셉트를 시각적으로 잘 표현할 수 있도록 촬영 방법을 계획할 수 있다. 결과물 제작을 위해서는 푸드 코디네이터와 사진작가의 활발한 커뮤니케이션이 필요하다. 시안 제작 단계에서는 단일안을 제시하는 것이 아닌, 여러 가지 안을 제시하여 최종안 결정을 위한 논의가 진행되어야 한다. 시안 작성은 아이디어 스케치를 통해 콘셉트의 구체화를 거치며 목적에 맞는 최상의 결과물 제작을 위하여 중심 시안을 바탕으로 다양한 아이디어를 제시해야 한다.

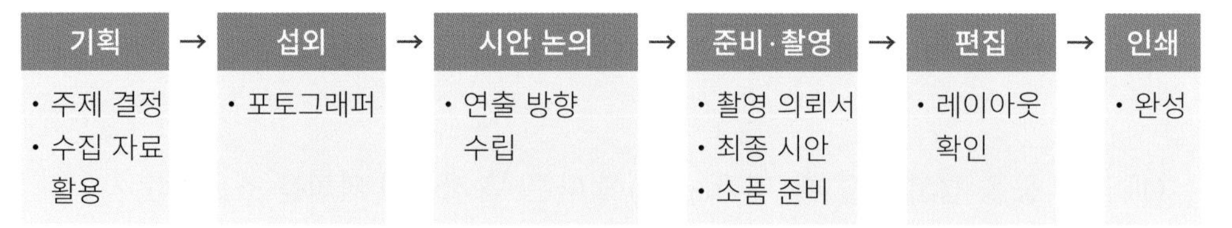

[그림 5-1] 음식 사진의 촬영 시안 계획 순서

3. 음식 사진의 촬영 스타일링

음식 사진을 촬영할 때에는 음식의 종류와 콘셉트를 살릴 수 있도록 스타일링 해야 하며 사진작가와 협의를 통해 콘셉트에 적합한 소품, 배경, 사용할 카메라 종류와 조명 및 촬영 기법 등을 효과적으로 활용해야 한다.

음식 상품의 판매 및 홍보를 목적으로 하는 사진은 소비자의 욕구를 충족시키고 상품의 특징을 살려 브랜드 가치를 높일 수 있도록 촬영 스타일링을 계획해야 한다.

1) 책과 잡지

제작 목적과 방향을 분명하게 설정하고 구독자의 취향을 고려하여 컨텐츠 기획 및 방향을 설정한다. 전체적으로 포함될 내용, 음식 제작물의 특성을 살릴 수 있도 록 촬영 계획을 수립한다.

촬영 절차는 주제 기획, 사진작가와 푸드 코디네이터 등 관련 전문가 섭외, 시안 회의, 소품 등 준비 및 촬영을 한 후, 최종적으로 편집과 디자인을 한다.

일반적으로 음식 관련 책은 잡지보다 좀 더 철저한 시안을 계획하고 사진 촬영 시 폴라로이드 카메라로 사전 테스트 과정을 거친다.

표지 사진은 전체 내용을 대표하는 이미지를 표현할 수 있도록 촬영해야 한다.

2) CF 제작

CF는 커머셜 필름(commercial film)의 약자로 영화 카메라로 촬영한 광고라는 뜻이며 오늘날 가장 보편적인 텔레비전 광고를 말한다.

시청자들에게 판매하는 상품의 구매력을 상승시킬 수 있도록 음식의 시각적인 효과를 살려야 하며 CF 제작 과정에 대한 전반적인 이해를 가지고 제작진들과 의사소통을 원활히 해야 한다.

CF 제작은 콘티가 완성되면 광고 콘셉트에 맞는 푸드 스타일링 등 아이디어를 구상하고 촬영을 위한 장소 및 세트 디자인을 사전에 준비한다.

3) TV 홈쇼핑

TV 홈쇼핑 방송은 실시간 매출을 체크하며 진행하기 때문에 촬영 스타일링이 중요하며 상품 연출을 위해 촬영 전에 PD, MD 및 업체와의 긴밀한 소통이 필요하다.

촬영 전 촬영 스텝들과 무대 시안서를 참고로 테이블 연출 및 관련 식품의 디스플레이 관련 사항을 협의한다. 홈쇼핑 방송에 상품과 관련된 음식 스타일링은 주제가 뚜렷이 부각될 수 있도록 스타일링 하고 음식 관련 장면이 등장할 때에는 해당 음식에 관한 연출을 담당한다.

4) POP 광고물

판매점 주변에 전개되는 광고와 디스플레이류 광고를 총칭하며 구매 시점 광고, 판매 시점 광고라고도 한다.

POP 광고물에는 메뉴북, 포스터, 카탈로그, 팜플릿, 외식업체 내부 키오스크 및 디스플레이 광고 등이 있다

메뉴북은 고객이 외식업체에서 최초로 접하는 상품이며 마케팅, 커뮤니케이션, 고객과의 약속 등의 역할을 하는 중요한 경영 도구이다. 메뉴북 스타일링은 외식업체의 콘셉트와 분위기에 맞아야 하며 음식의 정체성을 표현해야 한다.

외식업체 내부 키오스크는 판매하는 상품의 품목, 가격, 내용을 전달하는 커뮤니케이션 도구로 메뉴 탐색, 개인 취향을 반영한 메뉴 주문 및 자동 결제 등 기능이 다양하여 패스트푸드점을 중심으로 키오스크 도입이 확산되고 있다.

주문 키오스크는 소비자들에게 메뉴 선택을 용이하게 할 수 있도록 음식의 특징을 살리고 시각적 표현과 함께 홍보 마케팅 효과를 높일 수 있도록 스타일링 한다.

자료 : 임재석

[그림 5-2] 음식 사진의 촬영 스타일링(TV 홈쇼핑)

4. 음식 사진의 촬영 기법

사진 촬영을 위한 음식은 우리가 실제 먹는 음식과 같은 방법으로 조리해서 촬영하게 되면 식재료의 미적 형태와 음식의 특성을 살리기가 쉽지 않으므로 조리 도구 이외에 연출 도구, 식재료, 포토용 특수 재료 등을 사용해서 촬영 효과를 높인다.

음식의 형태는 그릇과 조화를 이루어야 하며, 음식의 양은 실제 서비스되는 음식의 양보다 적게 담는 것이 바람직하다.

음식은 그 음식과 식재료가 가지고 있는 색과 질감을 살리고 식욕을 돋울 수 있도록 연출해야 한다.

채소는 익히지 않고 생으로 사용하는 경우에는 촬영 중 시들지 않도록 스프레이로 물을 뿌려 주거나 찬물에 담가 사용하고, 채소류를 장식용으로 사용할 때에는 신선함을 유지할 수 있도록 사진작가가 촬영 앵글을 다 잡은 상태에서 마지막에 올려준다.

고기의 색은 붓을 이용하여 커피 물 또는 캐러멜 소스 등을 표면에 발라 익은 고기의 느낌을 표현하며, 베이비 오일을 발라주어 윤기를 내고 먹음직스럽게 보이도록 한다.

스테이크는 표면만 살짝 익혀준 후 쇠젓가락으로 바둑판 모양을 만들어 그릴에 구운 질감을 연출하고 생선구이 등과 같이 음식 표면을 맛있게 보이고 형태를 유지하고자 할 때에는 토치를 사용한다.

볶음밥을 촬영할 때에는 채소는 따로 볶아 준비하고 밥 위에 기름을 바른 후, 핀셋으로 볶은 채소를 심어서 사용된 식재료의 형태를 깨끗하게 연출한다.

국물 있는 음식을 연출할 때에는 국물 표면에 기름과 부유물이 뜨면 면보와 면봉을 사용하여 깨끗하게 제거하고, 촬영 직전 준비된 재료 위에 국물을 조심스럽게 부어준다.

음식 사진은 촬영 각도와 구도에 따라 연출한 음식의 크기와 높이 및 위치가 다르게 보이며 분위기도 달라진다. 따라서 푸드 코디네이터는 사진작가의 카메라 앵글을 보며 의도한 음식 촬영이 될 수 있도록 수정, 보완을 해야 한다. 최근에는 음식 촬영 시 푸드 코디네이터가 연출한 음식을 컴퓨터로 보면서 실시간 모니터링을 통해 작품의 완성도를 높이고 있다.

1) 촬영 각도의 변화

2) 음영 효과의 이용

3) 색채 배열의 변화

4) 부피감 및 질감의 표현

5) 생동감 연출

6) 포커스의 강조 효과

7) 인공조명의 변화

8) 자연조명의 효과

9) 원근감 활용

10) 음식 포인트의 변화

11) 배경색과 이미지 연출

12) 자연물의 형상화 표현

13) 스토리텔링의 시각화 연출

14) 일러스트 효과

[그림 5-3] 요리책의 음식사진 촬영 기법(예시)

실습 / 다과(후식용) 사진 촬영하기

■ 참조 자료

- 제과제빵 잡지
- 카페 홍보물
- 국내외 후식 전문 잡지
- 광고 시안 관련 자료
- 사진학 관련 서적

■ 기기(장비·공구)

- 사진 촬영 장비 및 소품
- 컴퓨터, 프린터, 빔 프로젝터
- 포토샵 및 프레젠테이션 프로그램
- 이미지 보정 소프트웨어

■ 안전·유의사항

- 카메라 및 관련 소품은 촬영 음식에 알맞게 세팅한다.
- 촬영 도구 및 음식 등은 다른 팀들에게 방해가 되지 않도록 조심스럽게 취급한다.
- 팀원들은 촬영을 원활하게 진행할 수 있도록 작업 순서를 분담하고 맡은 임무를 충실히 이행할 수 있도록 한다.
- 세팅된 음식과 촬영 장비 및 소품은 주의하여 취급하고 팀별 순서를 정해 촬영을 수행한다.
- 동일한 콘셉트의 사진을 여러 장 촬영할 때에는 다른 팀과 협의하여 촬영 시간을 조율하고 촬영한 사진은 수정, 보완을 위하여 팀원들과 피드백한다.

■ 수행 순서

1. 촬영할 다과 및 주제를 선정하고 이에 알맞은 촬영 계획을 수립한다.
   (1) 후식용 음식 관련 사진을 수집하고, 촬영할 음식의 주제에 알맞은 자료 사진을 분석한다.
   (2) 촬영에 적합한 자료 사진을 선택한 후, 주제에 알맞도록 수정 보완한다.
2. 음식 스타일링 방법을 계획하고 촬영 소품 및 배경을 연출한다.
   (1) 시각 이미지를 실체화할 수 있는 음식 사진용 스타일링 기법을 선택한다.
   (2) 촬영 주제에 알맞은 음식, 소품 및 배경 등을 연출하여 촬영 공간을 구성한다.
3. 다과의 시각적 이미지의 표현을 위하여 주제에 알맞은 조명, 각도 등을 설정하고 사진을 촬영한다.
   (1) 음식 사진에 대한 기본 지식을 바탕으로 촬영에 필요한 카메라 및 조명 장비를 선택한다.
   (2) 주제에 맞도록 음식을 촬영하고 사진 기법을 활용하여 수정 보완해 가며 사진을 촬영한다.
4. 팀별로 촬영한 다과 사진은 팀원들의 의견 수렴을 통해 최종 작품을 선택하고 이미지 보정 소프트웨어를 사용하여 편집한 후, 보고서를 작성한다.
5. 팀별로 작성한 최종 자료는 각 팀에게 5~10분 정도 프레젠테이션을 한다.

TIP

- 음식 사진 촬영에 필요한 카메라 및 스마트폰 사진 편집용 앱 등에 관한 자료를 활용한다.
- 국내의 요리대회 전시장을 방문하여 푸드스타일링 방법 등을 참조한다.
- 디저트 카페 등을 방문하여 스토리텔링에 활용할 수 있는 자료 수집 및 사진 촬영을 한다.
- 테이블 세팅에 필요한 전문 매장을 방문하여 테이블 웨어 및 소품에 관한 최신 트렌드를 조사한다.
- 팀별로 촬영 전에 필요한 음식, 소품 등을 세팅하여 촬영 공간을 연출해 본다.
- 사진 촬영 중에는 컴퓨터를 활용하여 팀별로 모니터링해가며 수정, 보완한다.
- 팀별로 촬영한 사진은 이미지 보정 프로그램을 활용할 수 있도록 사용 방법을 미리 습득한다.

다과(후식용) 사진 촬영 결과 보고서 작성 양식

날짜		참여 학생(학번/이름)	
촬영 일자		촬영 장소	
다과(후식용) 사진 촬영 결과 보고서			
구분			
Concept	다과 concept		
Storytelling	다과의 컨셉트를 부각시킬 수 있는 storytelling		
푸드 코디네이션	콘셉트에 알맞은 푸드 디자인과 푸드 스타일링		
색채 계획	배경 및 전체 분위기 연출을 위한 색채 계획		
테이블 세팅	콘셉트에 알맞은 테이블 세팅		
식재료	다과(후식용) 사진 촬영에 필요한 식재료		

소품 및 활용 도구	사진 촬영을 위한 소품 및 도구
작품 사진	최종 편집한 사진
참조 자료	자료 및 출처
Discussion	평가 및 느낀 점

06

FOOD COORDINATION & CAPSTONE DESIGN

테이블 코디네이트

CHAPTER 06

테이블 코디네이트

학습 내용

- 테이블 코디네이트의 개념을 이해한다.
- 테이블 코디네이트의 기본 요소를 이해한다.
- 한식, 양식 및 뷔페식 상차림법과 식사 예절을 이해한다.

1. 테이블 코디네이트의 개념

테이블 코디네이트는 식탁 및 식공간 전체의 모든 물건 색, 소재, 형태 등의 시각적인 측면과 청각 및 후각 등 오감을 만족시킬 수 있도록 동등하게 조화시키는 것으로 테이블 장식과 배열, 기획 및 식공간 연출 등을 의미한다.

현대 사회에서는 식탁에서 음식을 먹는다는 개념에서 벗어나 개성과 멋을 즐기는 식공간으로 변화되고 있다.

1) 테이블 코디네이트의 기본 조건

(1) 시각: 컬러, 배치

(2) 촉각: Touching Image

(3) 청각: BGM, landscape

(4) 후각: 방의 냄새, 향기

(5) 미각: 맛있게 보이는 것

2) 테이블 코디네이트의 고려할 사항

(1) 시간: 시간, 계절, 시대

(2) 장소: 레스토랑, 실내, 실외, 국가 및 기타 지역의 특성과 문화

(3) 목적: 무엇을 위한 코디네이트인지 웨딩, 생일 등 목적이 분명해야 하며 목적이 없을 때에는 테마를 자유롭게 정한다.

(4) 메뉴: 테마가 정해지면 메뉴를 결정한다.

(5) 장식: 위의 요소를 고려하여 식기 및 기타 소품 등의 장식이 이루어져야 한다.

2. 테이블 코디네이트의 기본 요소

식탁 연출에 필요한 기본 요소에는 디너 웨어(Dinner ware), 커틀러리(Cutlery), 글라스웨어(Glassware), 린넨(Linen), 센터피스(Centerpiece), 피기어(Figure) 등이 있다

1) 디너 웨어(Dinner ware)

식사를 할 때 사용되는 각종 그릇들을 총칭하는 말로, 식기 또는 차이나(China)라고도 한다.

디너 웨어는 메뉴가 정해진 다음 코스별 메뉴에 맞게 가장 먼저 선택되는 것으로, 종류는 경쾌한 것에서부터 색다른 분위기를 연출할 수 있는 것에 이르기까지 매우 다양하며, 만드는 재질과 크기, 형태에 따라 용도를 분류할 수 있다.

(1) 접시(plate)

접시는 일반적으로 가장자리의 운구가 높고 바닥이 편평하며 납작한 모양을 가진 그릇이다. 접시는 디시(Dsih)와 플레이트(Plate)로 불리는데 디시는 라틴어의 디스커스(discus, 원형 모양)에서 유래하였으며 볼보다 깊이가 얕고 플레이트보다 약간 깊이가 있는 접시를 총칭한다.

접시는 음식을 담아내거나 그릇 밑에 받쳐 사용하기도 하며, 때로는 장식용으로도 사용되는 등 그 쓰임은 목적에 따라 다양하다.

[표 6-1] 접시의 종류

명칭	형태	용도
서비스 플레이트 (service plate)		• 30cm 내외 • 손님의 자리를 표시 • 정찬에서 커틀러리와 함께 처음 테이블에 배치 • 플레이스(place), 세팅(setting), 언더(under) 플레이트라고도 함
디너 플레이트 (dinner plate)		• 27cm 내외 • 메인 코스에 사용 • 육류나 어류를 담는 접시 • 스파게티, 햄버거 등을 담을 때도 사용
런천 플레이트 (luncheon plate)		• 23cm 내외 • 오르되브르, 샐러드, 디저트를 담는 접시 • 아침 식사나 런치용, 뷔페용으로 사용

디저트 · 샐러드 플레이트 (deser · salads plate)		• 21cm 내외 • 디저트, 샐러드, 치즈 등에 이용 • 아침 식사나 전채용 접시
케이크 플레이트 (cake plate)		• 19cm 내외로 케이크나 치즈가 소량일 때 사용 • 아뮤즈부쉬(amuse bouche - 입술을 행복 하게 해 준다는 뜻으로 전채요리를 말함)나 글라스에 담긴 소르베(sorbe = sharbet)의 받침 접시로 사용 〈아뮤즈부쉬〉 〈소르베〉
브래드 플레이트 (bread plate)		• 17cm 내외 • 빵을 놓는 접시 • 테이블에 세팅할 때 왼쪽에 배치
오벌(oval)		• 35cm, 39cm, 43cm • 파티 요리를 담는 데 사용

(2) 볼(bowl)

식탁에서 사용하는 볼(bowl)은 손잡이가 있는 것과 없는 것이 있다. 부용 컵(Bouillon Cup), 핑거볼(Finger Bowl), 램킨(Ramekin)은 받침 접시와 같이 한 쌍으로 이루어져 있으나 대부분은 서비스 접시 위에 놓인다.

부용 컵(Bouillon Cup)은 양쪽에 손잡이가 달린 컵을 말하며 핑거볼(Finger Bowl)은 식사할 때 식탁에서 손가락을 씻을 수 있도록 물을 담아 놓은 그릇이다.

램킨(Ramekin)은 치즈, 빵가루, 달걀 등을 섞어서 구운 것 또는 오븐에 사용할 수 있는 그릇이며, 독립적인 baking 그릇으로 지름 8~10cm 정도이다. 오븐에 구운 요리나 차가운 요리에 모두 사용 가능하다.

[표 6-2] 볼의 종류

종류	크기	용도
시리얼 볼(cereal bowl)	지름 14~17cm 깊이 2cm	• 오트밀이나 시리얼 등의 아침 식사용으로 오목한 것 • 과일이나 다양한 형태의 국물을 담을 때도 사용
스프 볼(soup bowl)	지름 20cm 깊이 2cm	• 수프나 국물 요리를 담을 때 사용
부용 컵과 소서 (bouillon cup & saucer)	200 ㎖ 내외	• 부용(맑은 수프), 건더기가 작은 수프용
핑거볼(finger bowl)	지름 10cm 높이 5~6cm	• 식후 신선한 과일을 먹은 다음 손끝을 씻는 데 사용
램킨(ramekin)	지름 7~11cm 높이 4~5cm	• 측면은 수직 형태 • 치즈, 우유, 크림을 넣고 구운 요리에 사용 • 용량은 50~250 ㎖

(3) 컵(cup)

유럽에서 차를 마시기 위해 사용했던 도구이며 초기의 찻잔은 크기가 작고, 손잡이가 없어 잔의 위, 아래 가장자리를 손가락으로 잡고 사용하였고 고가여서 부자들만 소유할 수 있었다. 그러나 산업혁명 이후 대량 생산이 가능해지면서 손잡이가 있는 컵이 일반화되었다.

컵의 크기는 음료의 농도와 음료를 내는 시간으로 결정되며 큰 컵이나 머그는 아침 식사와 점심 식사 시에 뜨겁게 마시는 커피, 티, 코코아나 오후에 차가운 탄산수 등을 마실 때 사용된다. 작은 컵은 에스프레소와 같은 짙은 음료, 페이스트로 된 뜨거운 초콜릿, 알코올로 만든 독한 음료를 마시는 데 사용된다.

[표 6-3] 컵의 종류

종류	크기	용도
홍차 컵과 소서 (black tea cup & saucer)	150~200㎖	• 커피용 컵에 비하여 주둥이가 넓고 높이가 낮음 • 소서는 컵 1잔이 들어갈 정도의 크기 • 커피와 홍차 겸용 컵과 소서
커피와 홍차 겸용 컵과 소서	150~200㎖	• 홍차용과 커피용 컵의 중간 정도
커피 컵과 소서 (coffee cup & suacer)	150~200㎖	• 홍차용 컵보다 주둥이가 좁고 높이가 높음
데미타스 컵(demitasse cup)과 소서	60~90㎖	• 터키 커피나 에스프레소를 제공할 때 쓰는 컵 • 재질은 도기이며 에스프레소는 양이 적어 빨리 식을 수 있으므로 이를 방지하기 위해 일반 컵에 비해 두꺼움 • 에스프레소를 직접 받을 때 튀어나가지 않도록 하기 위해서 안쪽은 둥근 U자 형태로 이루어짐 • 잔 외부의 색상은 여러 가지이나 안쪽 색깔은 에스프레소의 색상을 보다 선명하게 보이도록 보통 흰색임 • 잔 받침은 잔이 넘어지지 않도록 홈이 있음
머그컵(mug cup)	깊이 9cm 전후	• 브랜드 커피나 우유를 마실 때 사용하는 컵 • 받침이 없는 경우가 많음

2) 커트러리(cutlery)

커트러리는 나이프, 스푼, 포크 등 우리가 식탁 위에서 음식을 먹기 위해 사용하는 금물류의 총칭이다. 우리의 식탁에서는 수저, 즉 숟가락과 젓가락을 가리킨다.

(1) 스푼(spoon)

인류 역사상 최초의 식사 도구는 스푼이며 조개껍데기가 그 원형이다. 동그랗게 오므린 손의 모양에서 시작된 스푼은 조개나 굴, 홍합의 껍데기 등을 이용하다가 구형, 타원형, 달걀형에 손잡이가 달린 형태로 변화되었다. 또한, 접시에 손가락을 적시지 않고 음식을 뜨기 위하여 손잡이가 생기게 되었으며, 초기에는 여럿이 음식을 먹을 때 공동 기구로 사용되었다. 이후 상류층에 의해 음식 먹는 방식이 단계적으로 장착되면서 누구나 자신의 개인 스푼을 소유하게 되었다.

[표 6-4] 스푼의 종류

종류	크기	용도
테이블(디너) 스푼 (table, dinner spoon)		• 스프, 카레용
디저트 스푼 (dessert spoon)		• 디저트용 • 차 스푼 보다 크고 테이블 스푼보다 작음
차 스푼 (coffee spoon, tea spoon)		• 커피나 차용
아이스크림 스푼 (ice ceram spoon)		• 아이스크림용
아이스 음료 스푼 (iced beverage spoon)		• 아이스티, 레몬에이드 등과 같은 찬 음료용 • 손잡이가 다른 스푼보다 김

(2) 나이프(Knife)

초기의 나이프는 개인 소유의 취식 도구라기보다는 조리 도구의 성격이 강했으며 무기나 연장 등의 역할을 동시에 취하는 다목적 용도였다. 포크가 보급되면서 점차 고기를 자르는 용도로 사용되었고, 나이프의 형태 변화에 주요 인자로 작용하였다. 또한, 나이프의 날이 둥근 형태로 발전하면서 무기로 남용될 수 있는 위험이 감소되었다.

[표 6-5] 나이프의 종류

종류	크기	용도
피시 나이프 (fish knife)		• 생선 요리용 • 테이블 나이프에 비해 길이가 짧음 • 칼날의 앞부분은 생선의 뼈를 빼내기 쉽도록 홈이 있음
테이블(디너) 나이프 (table, dinner knife)		• 육류 요리용
스테이크 나이프 (steak knife)		• 스테이크, 립용 • 육류용보다 칼날이 날카로움
버터 나이프 (butter knife)		• 버터용
프루트 나이프 (fruits knife)		• 과일용 • 칼날이 톱니 모양
디저트 나이프 (dessert knife)		• 디저트, 오드볼용

(3) 포크(Fork)

포크의 유래는 건초 등을 끌어올리는 용도의 도구이며 두 개의 갈래로 만든 것이 원래의 모양이었다. 고대 이집트인들은 뜨거운 불에서 음식을 조리할 경우에만 사용하였고, 주방에서 고기를 고정시켜 썰거나 잘라낸 고기 조각을 커다란 주방용 오븐에서 접시로 옮길 때 활용되었다.

17세기부터 식탁용 포크의 갈래가 주방용 도구의 갈래보다 현저하게 짧고 가늘어졌으며 포크의 측면이 완두콩처럼 부드러운 음식을 뜨기 용이하도록 약간 휜 모양으로 변화되었다.

[표 6-6] 포크의 종류

종류	크기	용도
피시 포크(fish fork)		• 생선 요리용
테이블(디너) **포크** (table, dinner fork)		• 육류 요리용
디저트 포크(dessert fork)		• 디저트, 오드볼용
프루트 포크(fruit fork)		• 과일용
케이크 포크(cake fork)		• 케이크, 과일용
크랩 포크(crab fork)		• 게 또는 가재 등의 갑각류의 살을 발라낼 때 사용
스네일 포크와 텅 (snail fork & tong)		• 달팽이 요리용으로 달팽이의 껍데기를 집게로 잡고 2개의 길고 뾰족한 끝으로 달팽이를 꺼냄

(4) 서브용 도구

서브용 도구는 많은 양의 음식을 개인용 접시나 볼에 담을 때 사용한다.

[표 6-7] 서브용 도구의 종류

종류	크기	용도
서비스 스푼 (service spoon)		• 샐러드, 디저트, 프루트 등을 서빙할 때 사용

소스 스푼 (sauce spoon)		• 소스용
스프 레이들 (soup ladle)		• 스프를 담을 때 사용하는 국자
펀치 레이들 (punch ladle)		• 화채를 담을 때 사용하는 국자
서비스 포크 (service fork)		• 육류 요리를 서빙할 때 사용
미트 카빙 포크 (meat carving fork)		• 로스트비프 등의 육류 요리를 잘라서 서빙할 때 사용
케이크 서빙 나이프 (cake serving knife)		• 케이크를 자르고 서빙하는 칼
브래드 나이프 (bread knife)		• 빵을 자르는 칼
미트 카빙 나이프 (meat carving knife)		• 로스트비프 등의 육류 요리를 잘라서 서빙하는 칼
샌드위치 텅 (sandwiches tong)		• 샌드위치, 파이, 페이스트리 등을 서빙할 때 사용하는 집게

(5) 커트러리 스타일의 구분

① 클래식 스타일

은, 금 또는 도금한 것을 주로 이용하며, 화려하고 육중한 디자인이 특색이다.

② 엘레강스 스타일

스픈, 포크의 뒷면까지 섬세하게 디자인된 것이 특징이고, 엎어서 놓는 것이 프랑스 엘레강스 스타일이며 매우 여성적인 분위기이다.

③ 모던 스타일

금 또는 은의 커트러리가 등장하는 것은 금물이고, 매우 심플하고 장식성이 거의 없는 디자인으로 독특하고 차가운 분위기를 나타낸다. 식기들도 장식성이 적고 같은 이미지를 갖는 것이 좋다.

④ 캐주얼 스타일

손잡이가 플라스틱, 메탈, 나무 등 다양한 소재로 경쾌한 느낌이 든다.

⑤ 포멀한 스타일

스테인리스 제품으로 조금만 있는 문양, 손잡이 끝부분이 원만하게 곡선 처리된 디자인으로 무난하게 어느 식기에도 조화를 이루면서 사용할 수 있다.

3) 글라스 웨어(Glass ware)

식사와 함께 마시는 음료 및 주류를 담는 잔을 총칭한다.

글라스 웨어는 식사 중에 제공되는 음료용 글라스와 식전, 식후에 제공되는 음료용 글라스로 나누어진다. 테이블용 아이템에는 고블릿(goblet), 레드와인(red wine), 화이트와인(white wine), 샴페인 글라스(champagne glass), 텀블러(tumbler) 등이 있다.

고블릿은 보통 물을 담을 때 쓰이는 글라스로 튤립형이다.

레드와인 글라스는 용량이 크고 너비가 넓으며 입구가 안쪽으로 오므라져 있어 와인의 향기가 밖으로 나가지 못하도록 한 형태이며, 공기의 접촉을 원활하게 하여 보다 높은 향기를 끌어내고 색을 통해 시각적인 검증을 받기 위하여 커다란 글라스를 사용한다.

화이트와인 글라스는 외부 온도의 영향을 덜 받고 차가운 상태로 와인을 즐길 수 있도록 하기 위하여 적은 용량의 글라스를 사용한다.

샴페인 글라스는 샴페인의 거품을 유지하고 향기를 빠져나가지 못하게 하기 위해 입구가 좁은 플르트(Flute)형이며 브랜디 글라스(Brandy Glass)는 몸체 부분이 넓고 글라스의 입구가 좁은 튤립형의 글라스로 나폴레옹 잔이라고도 한다.

[표 6-8] 글라스 웨어의 종류

종류	크기	용도
고블렛 (goblet)		• 300㎖ • 물컵 • 튤립형
와인 글라스 (wine glass)	레드와인 잔 화이트와인 잔	• 레드와인 잔, 화이트와인 잔 • 레드와인 글라스 180㎖ 정도 화이트와인 글라스 150㎖ 정도 • 레드와인 글라스가 화이트 와인 글라스보다 크고 깊음
샴페인 글라스 (champagne glass)	쿠페(coupé) 플루트(flute)	• 쿠페 135㎖ 플루트 150㎖ • 쿠페는 파티에서 피라미드 형태로 쌓거나 행사장 건배용 • 플로트는 거품을 유지하고 향기가 빠져나가지 못하게 하기 위해 입구가 좁음
셰리 글라스 (Sherry glass)		• 90㎖ • 셰리나 포트와인을 마실 때 사용
리큐르 글라스 (liqueur glass)		• 50㎖ • 식후의 술을 마실 때 사용

칵테일 글라스 (cocktail glass)		• 120mℓ • 칵테일, 샤벳, 아이스크림용 • 짧은 시간에 마시기 위해 소량을 담음
브랜디 글라스 (brandy glass)		• 300mℓ이나 브랜디는 30mℓ 정도 따름 • 몸체 부분이 넓고 입구가 좁은 튤립형 나폴레옹 잔이라고도 함 • 손으로 돌려 따뜻하게 하면서 향을 즐기도록 입구가 좁고 스템이 짧음

[표 6-9] 텀블러의 종류

종류	크기	용도
텀블러 글라스 (tumbler glass)		• 200mℓ 이상 • 알코올성 비알코올성 음료나 과일주스, 청량음료 등에 사용
록 글라스 (rock glass)		• 240mℓ • 위스키 마실 때 얼음을 넣어서 마시는 텀블러
위스키 샷 글라스 (whiskey shot glass)		• 30mℓ • 스트레이트로 마실 때 사용하는 작은 잔
맥주 글라스 (beer glass)	필스너(pilsner) 저그(jug)	• 필스너(pilsner) 저그(jug) • 필스너 180mℓ 이상
아이리시 커피 머그 (irish coffee mug)		• 240~280mℓ • 뜨거운 커피와 위스키가 혼합된 칵테일

4) 린넨(Linen)

식사할 때 사용되는 각종 천류를 총칭하며 테이블 린넨이라고도 한다. 식공간에서의 린넨은 테이블 클로스, 언더 클로스, 플레이스 매트, 냅킨, 러너, 도일리 등이 있다.

린넨은 생활에서 필요하지만 꼭 사용해야 되는 것은 아니다. 그러나 린넨의 사용은 실용성과 함께 장식 효과를 높여 식공간에서 중요한 위치를 차지하게 되었다.

(1) 언더클로스(Under cloth)

테이블의 분위기 연출 및 식사 도구를 놓았을 때의 충격을 막아 주며, 오늘날에는 테이블 클로스가 부드럽게 늘어지도록 하며 장식적인 목적이 있다.

(2) 테이블 클로스(Tablecloth)

언더 클로스 위에 깔아 전체적인 분위기의 중심 역할을 하며 색상, 무늬, 디자인에 따라 다양한 분위기를 연출한다.

테이블 클로스는 약식과 정식으로 나누며 정찬에서는 흰색이 원칙이나 파스텔 색조가 선호되며 다양한 무늬나 짙은 색으로 독특한 개성을 연출할 수 있다.

언더 클로스

톱 클로스(자주색)
더블 테이블 클로스(자주색+흰색)

테이블 스커트

[그림 6-1] 테이블 클로스의 종류

테이블 클로스의 크기는 4인용은 150×160cm, 8인용은 150×200cm, 12인용은 3m 이상이며 테이블에서 밑으로 떨어지는 테이블 클로스의 길이는 30cm가 적당하다.

테이블 크로스의 크기와 소재는 실내와의 조화를 위해 다양한 사용이 요구되며 커튼, 벽, 식기류와의 색상 조화 등도 고려하는 것이 바람직하다

(3) 냅킨(Napkin)

냅킨은 일반적으로 품위 있는 식사에 사용되며 생활 수준의 향상으로 사용 빈도가 높아지고 있다. 식탁 위에서 장식의 효과 및 입가의 더러운 것을 닦는 용도로 사용하며 장식용으로 복잡한 접기는 피하는 것이 좋다.

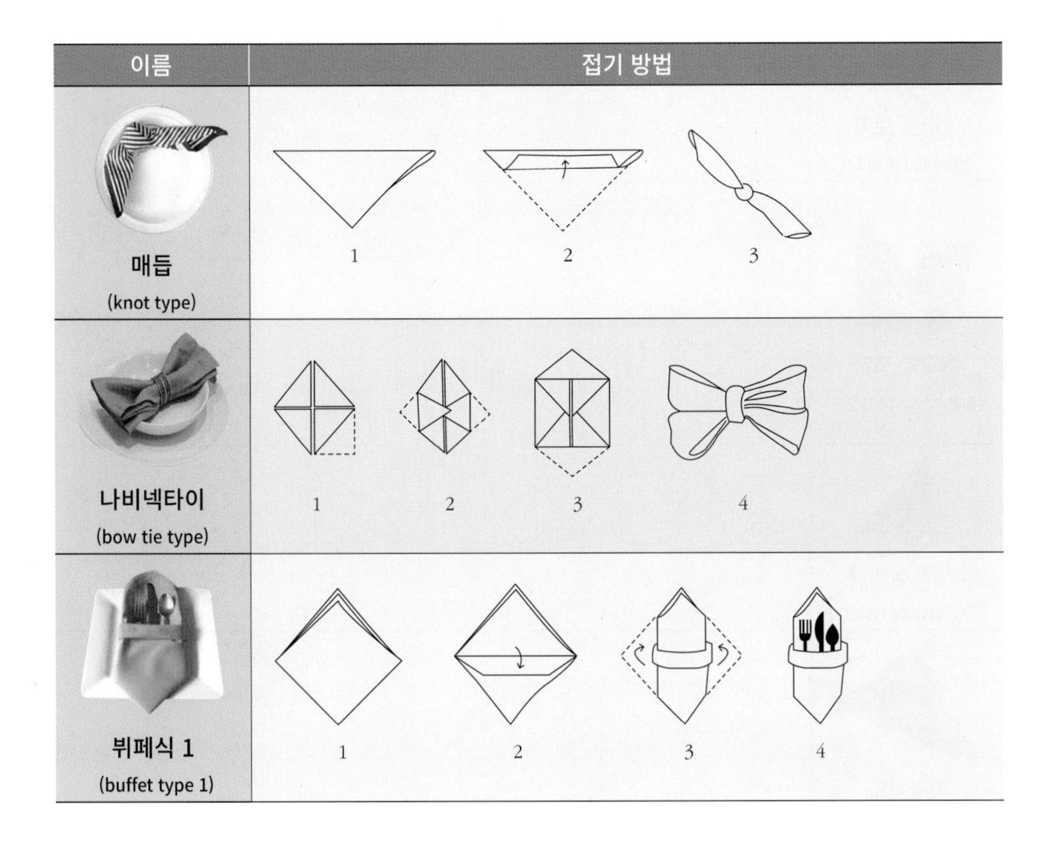

이름	접기 방법
매듭 (knot type)	1 2 3
나비넥타이 (bow tie type)	1 2 3 4
뷔페식 1 (buffet type 1)	1 2 3 4

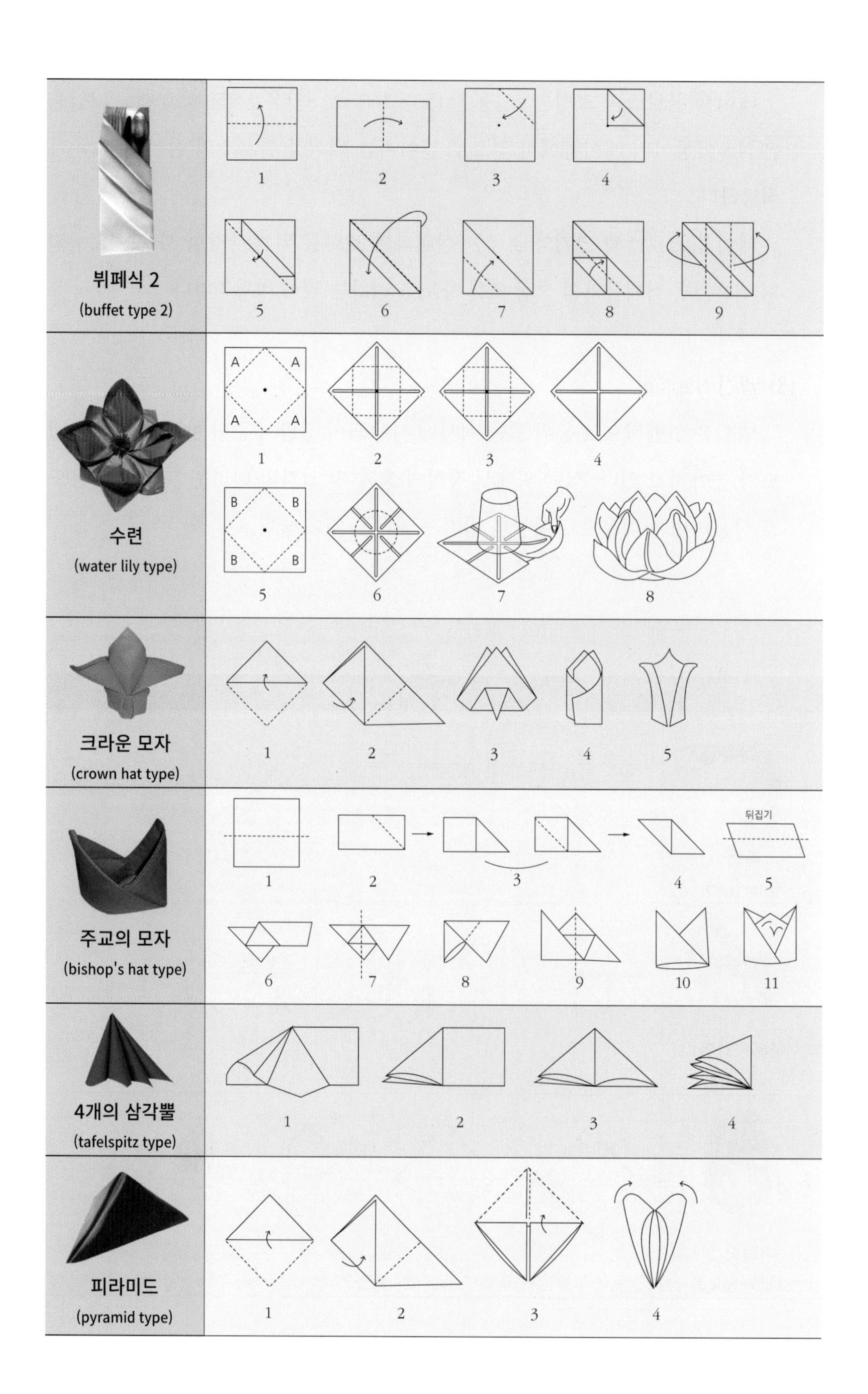
뷔페식 2
(buffet type 2)
1
2
3
4
5
6
7
8
9
A
A
A
A
수련
(water lily type)
1
2
3
4
B
B
B
B
5
6
7
8
크라운 모자
(crown hat type)
1
2
3
4
5
주교의 모자
(bishop's hat type)
1
2
3
4
뒤집기
5
6
7
8
9
10
11
4개의 삼각뿔
(tafelspitz type)
1
2
3
4
피라미드
(pyramid type)
1
2
3
4

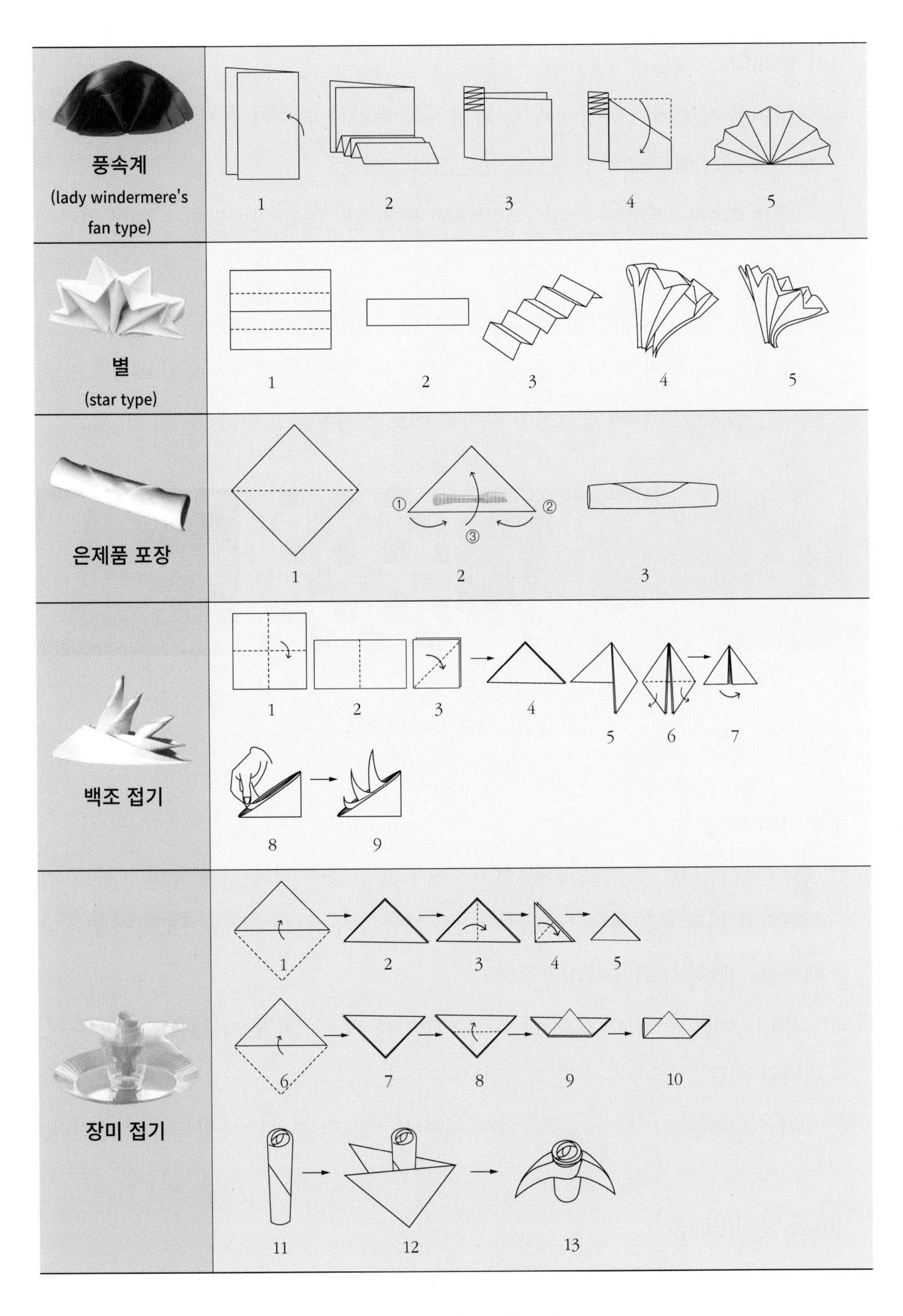
풍속계
(lady windermere's
fan type)
1
2
3
4
5
별
(star type)
1
2
3
4
5
은제품 포장
①
②
③
1
2
3
백조 접기
1
2
3
4
5
6
7
8
9
장미 접기
1
2
3
4
5
6
7
8
9
10
11
12
13

[그림 6-2] 냅킨 접기

(4) 플레이스 매트(Place mat)

테이블 세팅에서 독창성과 옆 좌석과의 분리감을 주며 런치용으로 캐주얼하게 사용되기 때문에 런치 매트라고도 한다.

많은 테이블 웨어가 놓이는 식탁에는 사용하지 않고 일반적으로 10명 미만에 사용한다.

테이블 매트는 보통 1인용으로 사용되며 크기는 30~35cm×40~45cm이다.

소재는 마, 목면, 화학 섬유, 종이, 고무, 나무 등 다양하게 사용되고 있으며 최근에는 실용성과 함께 장식성이 가미된 매트가 사용되고 있다.

천 / 하드보드지와 코르크 / 대나무 / 종이

[그림 6-3] 플레이스 매트의 종류

(5) 러너(Runner)

테이블 러너는 식탁보의 윗면이나 아무것도 없는 식탁 위에 놓이는 좁고 긴 원단으로 식탁 중앙에 장식 또는 자리를 제한하기 위해 식탁을 가로질러 놓거나 테마를 전달하기 위하여 사용한다.

러너는 테이블 위에 그대로 놓거나 테이블 크로스와 함께 사용되기도 하며, 러너와 매트는 둘 중에서 한 가지만 사용한다.

러너의 폭은 20~25cm가 적당하며, 테이블 색보다 진하면 테이블이 커 보인다.

(6) 도일리(Doily)

접시와 접시 사이에 놓아 마찰이나 부딪치는 소리를 방지한다. 레이스나 자수로 되어 있고, 세팅한 도기나 칠기 등의 사이에 레이스나 자수로 되어 있는 도일리를 사용한다.

[그림 6-4] 도일리의 종류

5) 센터 피스(Center piece)

테이블 중앙의 퍼블릭 스페이스(public space)에 장식하는 물건이나 꽃을 총칭하며 과거에는 그 시대에 귀한 향신료, 소금, 후추, 설탕 및 과일 등을 그릇에 담아 장식하였다.

센터 피스는 생화를 주로 사용하는데 과일이나 채소 등 다양한 재료를 활용하여 계절의 느낌을 살리고 개성적인 분위기를 연출할 수 있다.

센터 피스가 차지하는 범위는 일반적으로 테이블의 1/9을 넘지 않는 범위 내에서 대화에 방해가 되지 않는 높이, 즉 마주 앉은 상대가 가려지지 않는 높이가 적당하다.

[그림 6-5] 센터 피스

(1) 화재(花材)의 형태

화재는 식탁 및 환경 코디를 위해 사용되는 꽃을 말한다.

① 라인 플라워(Line Flower)

선이 있는 꽃으로 한 줄기의 긴 꽃대에 여러 가지 꽃들이 달려 있는 형태의 꽃, 일반적으로 디자인의 골조가 되는 꽃이다.

라인 플라워에는 글라디올러스, 금어초, 리아트리스, 산세베리아, 유카리 등이 있다.

글라디올러스 금어초 리아트리스 유카리

[그림 6-6] 라인 플라워

② 매스 플라워(Mass Flower)

꽃의 형태가 크고 둥근 것으로 일반적으로 라인 플라워, 폼 플라워의 중간 정도에 속하는 꽃의 형태로 폼 플라워를 사용하지 않을 경우에는 가운데 가장 크고 형태가 좋은 것을 선택하여 초점으로 사용한다.

매스 플라워에는 수국, 아네모네, 국화, 데이지, 마가렛, 해바라기 등이 있다.

수국 아네모네 거베라 국화

[그림 6-7] 매스 플라워

③ 폼 플라워(Form Flower)

특수한 모양의 꽃으로 Focus point(초점)로 사용되는 뛰어난 형태의 꽃이며 특히 개성이 강한 것, 강한 이미지의 특성을 나타낸다.

폼 플라워에는 안스리움, 심비디움, 아이리스, 백합, 카라, 엔슈륨 등이 있다.

[그림 6-8] 폼 플라워

④ 필러 플라워(Filler Flower)

공간을 채우는 꽃으로 꽃송이 하나가 매우 작고 꽃대에 한 송이의 꽃 또는 많은 꽃들이 붙어 있는 것이 특징이다. 애매한 공간을 채우거나 연결시켜 주는 역할을 한다.

필러 플라워에는 스타티스, 안개꽃, 마타리, 소국, 프리지아 등이 있다.

[그림 6-9] 필러 플라워

(2) 이미지별 화제 연출

① 로맨틱 스타일

전체적으로 원숙하고 고전적이며 품위와 중후함이 느껴지는 연출법으로 튤립, 수국, 하아신스 등이 사용된다.

② 젠(Zen) 스타일

동양의 미니멀리즘과 서양의 모던함이 결합된 스타일로 용담초, 카라, 네프로네피스 등을 사용한다.

③ 캐주얼 스타일

경쾌하고 발랄함이 돋보이는 연출법으로 빨강, 노랑, 파랑, 초록 등 비비드한 컬러나 선명한 색의 화재를 사용한다.

④ 내추럴 스타일

편안하고 안정감이 느껴지는 녹색이나 브라운 컬러를 사용하여 자연 친화적인 느낌을 연출한다.

⑤ 크리스마스 스타일

빨강, 흰색, 녹색의 3가지 색상을 사용하여 크리스마스 분위기를 연출하고 일반적으로 포인세티아를 사용한다.

6) 피기어(Figure)

피기어는 도자기, 은 제품 및 크리스털로 만든 꽃이나 동물 등의 작은 장식품을 말한다.

피기어의 종류에는 네프, 네임카드, 냅킨링, 냅킨 홀더, 페퍼 세이 커, 솔트셀러와 솔트세이크, 레스트, 캔들과 캔들 스탠드, 클로스 웨이트 등이 있다.

그 외에 다양한 오브제나 꽃을 이용하여 테이블 장식을 더욱 보기 좋고 예쁘게 배열한 어레인지먼트(Arrangement)가 있다.

[표 6-10] 피기어의 종류

소금·후추통

냅킨링

네임카드

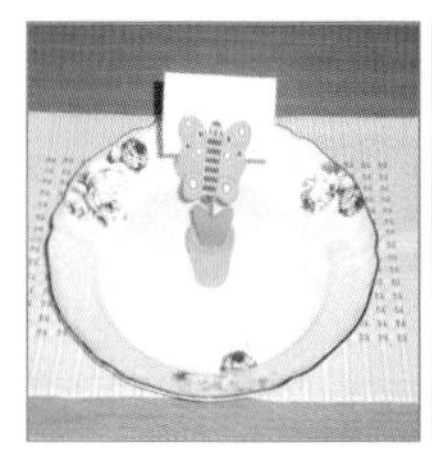

레스트

3. 테이블 세팅(Table Setting)

1) 한식 상차림

우리나라의 상차림을 한식 상차림이라고 한다.

한국 고유의 상차림은 주식에 따라 죽상, 면상, 반상으로 구분하며 반상은 밥을 주식으로 하고 국과 김치 그리고 반찬을 함께 차린다. 정식 상차림은 반찬의 가짓수에 따라 3첩, 5첩, 7첩, 9첩 반상으로 나누며 첩수는 뚜껑이 있는 쟁첩에 담는 반찬을 말하며, 12첩 반상은 궁중에서만 차리고 민가에서는 9첩까지로 제한하였다.

한식 상차림에서 밥, 탕, 김치류, 조치, 찌개, 찜 등은 찬품에 포함하지 않는 기본 음식이다. 또한, 상을 받는 사람 수에 따라 외상, 겸상, 셋겸상, 넷겸상, 두레반상으로 구분한다.

(1) 배선법

음식을 담아 상에 배열하는 방법을 배선법이라고 한다.

우리나라 음식은 주식과 부식이 분리되어 있으며 재료와 조리법을 감안하여 상차림을 한다.

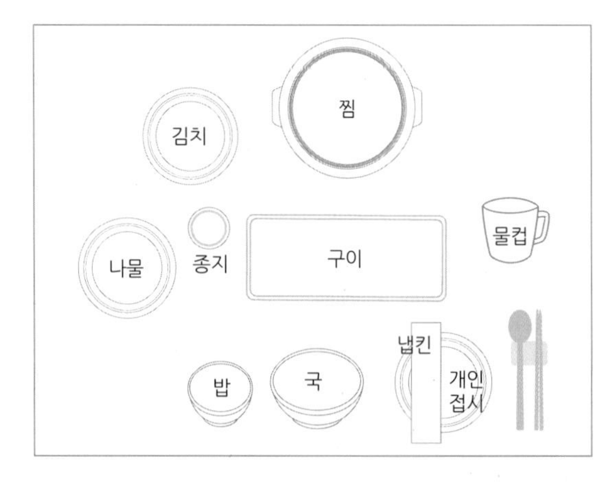

[그림 6-10] 한식 상차림

(2) 반상차림

반상차림은 쟁첩에 담는 반찬의 가짓수에 따라 구분한다.

3첩 반상은 밥과 탕이나 찌개와 김치나 깍두기 중에서 하나를 택일하며 간장 종지는 하나, 반찬은 나물, 마른반찬, 젓갈 등을 놓는다.

5첩 반상은 밥, 탕, 김치, 깍두기, 조치 한 가지, 반찬 다섯 가지(나물, 전, 조림, 마른반찬, 젓갈), 종지 2개(간장, 초간장), 후식 두 가지를 놓는다.

7첩 반상은 밥, 탕, 김치, 깍두기, 조치 두 가지 반찬 일곱 가지(5첩외 회, 구이), 종지 3개(간장, 초간장, 초고추장, 또는 젓국), 후식 두 가지를 놓는다

9첩 반상은 밥, 탕, 김치, 깍두기, 조치 두 가지, 반찬 아홉 가지, 종지 3개(간장, 초간장, 초고추장, 또는 젓국), 후식 두 가지를 놓는다.

12첩 반상은 임금님이 드시는 상차림으로 수라상이라고 하며, 열두 가지 반찬이 올라가고 반과나 반주를 따로 차린 곁상이 있다

열두 가지 반찬이 올라가는 12첩 반상은 밥(수라)과 탕은 물론, 신선로 등의 기본 반찬은 가짓수에 들어가지 않는다.

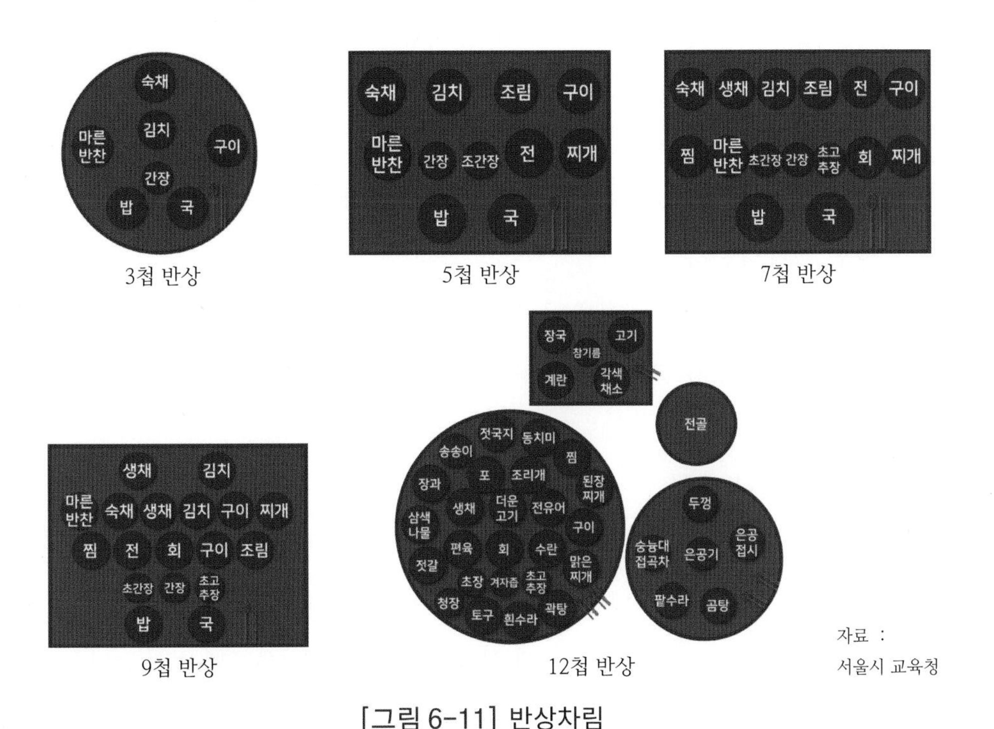

[그림 6-11] 반상차림

(3) 상차림의 원칙

- 국물이 있는 요리는 오른쪽, 마른 요리는 왼쪽에 놓는 것을 원칙으로 한다.
- 상의 오른쪽 윗부분은 더운 요리 중 국물이 없는 요리를 놓는다.
- 상의 오른쪽 아랫부분에는 국이나 찌개처럼 국물이 있는 더운 요리를 놓는다.
- 간장, 초고추장, 새우젓 등의 주위에는 이들의 소스를 필요로 하는 요리를 놓아 중앙을 차지하도록 한다.
- 손이 자주 가는 요리는 앞에 놓고, 중간 줄은 마른반찬이나 조림 등을 놓는다.
- 여러 명이 식사를 할 경우 공동으로 사용하기에 미관이나 위생상 곤란한 물김치, 국, 초간장 등은 각 개인에게 요리를 담아 제공한다.
- 뚜껑이 달린 오목한 그릇이 토구가 필요할 경우 음식을 먹다가 나오는 뼈, 가시를 뱉을 수 있도록 왼편 끝에 놓는다.
- 2인 이상이 식사를 할 경우 김치는 중앙에 놓고, 더운 요리와 찬 요리는 서로 대각선으로 놓아 이용하기에 불편이 없도록 한다.
- 순서에 따라 요리를 제공하는 경우 차가운 반찬, 마른반찬, 국물 없는 더운 요리, 국물 있는 더운 요리 순으로 상에 내놓는다.
- 반찬의 내용은 가급적 동일한 조리 방법이 겹치지 않도록 해야 하며 같은 재료가 중복되지 않도록 한다.
- 수저는 오른편에 놓고 젓가락은 수저 뒤쪽에 붙여 상의 가장자리에서 약간 밖으로 걸쳐 놓는다.
- 반상에 놓는 그릇은 계절에 따라 음식의 온도 등을 알맞게 하기 위하여 여름철에는 백자나 청자, 겨울철에는 유기나 은기로 된 반상기를 사용한다.

(4) 한식의 식사 예절

- 음식상 앞에서는 흐트러진 자세로 있지 말고 바르게 앉아야 한다.
- 좌석의 순서는 어른이나 주빈을 아랫목이나 상석에 위치하도록 한다.
- 좌중의 어른이 수저를 든 다음에 식사를 시작하고, 어른보다 먼저 끝났을 때에는 수저를 국 대접에 걸쳐 놓았다가 식사가 끝나면 수저도 내려놓도록 한다.

- 젓가락과 숟가락을 함께 쥐고 식사하지 않으며, 국물을 마실 때 후루룩 소리를 내거나 반찬 접시나 밥그릇 긁는 소리를 내지 않도록 한다.
- 음식은 반드시 한입에 들어갈 양을 집어서 입에 넣도록 하고, 음식을 먹을 때는 입을 다물고 씹으며, 입속에 음식이 가득 있을 때 얘기하는 것을 삼간다.
- 식사 도중 못 먹을 것을 깨물었을 때에는 아무도 모르게 조용히 처리하도록 한다.
- 식사의 속도는 자기의 양옆에 앉은 사람과 보조를 맞추도록 한다.
- 식사를 할 때에는 슬픈 이야기, 불쾌한 이야기, 불결한 이야기, 학술적이고 전문적인 이야기, 정치적인 이야기 등은 삼가는 것이 좋다.

2) 양식 상차림

서구식 상차림을 양식 상차림(테이블 세팅)이라고 한다.

패밀리 레스토랑이나 양식 전문점에서 흔히 접할 수 있는 식사 형태는 정찬(dinner party)이라 불리고, 풀코스 요리가 일반적이며 점심 요리를 오찬, 저녁 요리를 만찬이라고 한다.

서양의 식탁 문화는 유럽 전역에서 발달하게 되었고, 서양의 테이블 세팅은 아름다움과 기능을 동시에 느낄 수 있도록 식공간 연출에 필요한 아이템들이 제자리에 배치되어야 한다.

서양요리의 식사 순서는 식전주(aperitif) → 전체요리 (appetizer) → 수프 → 빵→ 생선요리 → 샤벳 → 육류요리(entrée) → 샐러드 → 후식(dessert)→ 음료 순으로 제공된다.

[그림 6-12] 양식 상차림

(1) 서양 테이블 세팅의 분류

① 포멀 테이블 세팅(Formal Table Setting)

엄격한 의례가 요구되는 국가 간 행사, 웨딩 등과 같이 격식을 갖춘 식사를 의미한다.

프랑스식 풀코스가 대표적이며 식사 메뉴는 오드블, 수프, 포아송, 앙뜨레, 소르베, 로스트, 샐러드, 앙뜨르메, 과일 순으로 제공된다.

[그림 6-13] 포멀 테이블 세팅

② 인포멀 테이블 세팅(Informal Table Setting)

일반 레스토랑에서 볼 수 있는 것으로 자유롭고 편안하게 하는 식사를 말한다.

포트럭 파티, 피크닉, 뷔페 등과 같이 사람들이 정해진 형식에 얽매이지 않는 식사도 포함된다.

[그림 6-14] 인포멀 테이블 세팅

③ 캐주얼 테이블 세팅(Casual Table Setting)

기본적인 테이블 세팅으로 유행을 따르지 않는 스타일을 말한다.

[그림 6-15] 캐주얼 테이블 세팅

(2) 나라별 테이블 세팅 방법

① 미국식 테이블 세팅

미국식 테이블 세팅 시 포크의 위치는 샐러드 포크 다음에 메인 포크를 놓는다. 냅킨은 포크 왼쪽에 놓기도 하고, 수프 볼이나 메인 플레이트 위에 올려놓기도 한다. 수프볼을 세팅할 때는 메인 플레이트 대신 서비스 플레이트를 올려둔다.

[그림 6-16] 미국식 포멀 테이블 세팅

② 영국식 테이블 세팅

영국식 포멀 테이블 세팅은 오르되브르용 포크와 나이프, 수프 스푼, 피시 포크와 나이프, 메인 포크와 나이프, 디저트 스푼과 포크를 옆으로 놓고 오목한 부분이 위로 올라오도록 테이블 위에 올려둔다. 브레드 플레이트는 포크 왼쪽에 놓고, 글라스는 테이블 스푼 위에 샴페인, 화이트와인, 레드와인, 물잔의 순으로 놓는다. 냅킨은 브레드 플레이트나 디너 플레이트 위에 올려놓는다.

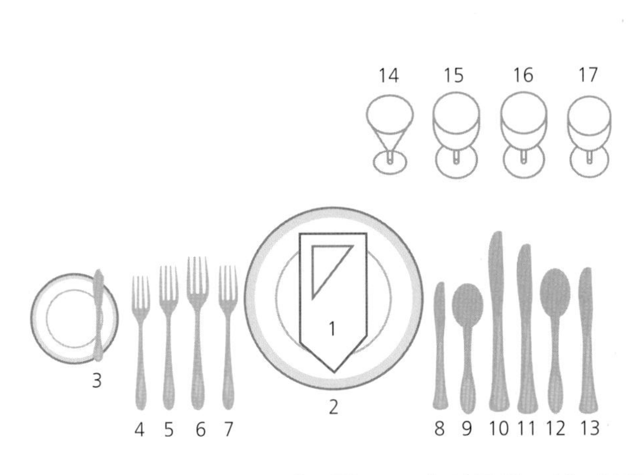

1. 냅킨
2. 메인 플레이트
3. 버터 나이프와 브레드 플레이트
4. 오드블용 포크
5. 피시 포크
6. 메인 포크
7. 디저트용 포크
8. 디저트용 나이프
9. 디저트용 숟가락
10. 메인 나이프
11. 피시 나이프
12. 수프 스푼
13. 오드블용 나이프
14. 칵테일 글라스
15. 화이트와인 글라스
16. 레드와인 글라스
17. 고블렛

[그림 6-17] 영국식 포멀 테이블 세팅

③ 프랑스식 테이블 세팅

프랑스식 테이블 세팅은 커트러리를 오목한 부분이 아래쪽으로 향하게 하여 뒷면의 아름다운 문양이나 이니셜이 보이도록 세팅한다.

빵은 테이블 클로스 위에 올려놓아도 된다고 생각하여 접시를 올려놓지 않기도 한다. 글라스는 피시 나이프 위쪽부터 배치하며 커트러리는 요리가 나올 때마다 서비스맨이 세팅하는 것이 정중한 방법이다.

1. 브래드 플레이트
2. 버터 나이프
3. 오드블용 포크
4. 피시 포크
5. 메인 포크
6. 메인 플레이트
7. 메인나이프
8. 피시 나이프
9. 수프 스푼
10. 오드블용 나이프
11. 디저트 포크와 스푼
12. 고블렛
13. 레드와인 글라스
14. 화이트와인 글라스
15. 칵테일 글라스

[그림 6-18] 프랑스식 포멀 테이블 세팅

④ 중국식 테이블 세팅

중국에서는 과거에는 팔선탁자, 사선탁자를 사용하였으나 근래에는 원탁을 많이 사용하며 식탁의 중심부에 약간 높은 회전대를 놓아 여러 사람이 음식을 돌려가며 먹을 수 있도록 하였다.

중국의 정식 테이블 세팅은 개인 접시, 찻잔, 냅킨, 렝게, 렝게 받침, 젓가락, 젓가락 받침, 메뉴, 조미료 병, 조미료 접시 등을 배치한다.

[그림 6-19] 중국식 테이블 세팅

⑤ 일본식 테이블 세팅

식기의 내용이나 배합을 계절에 따라 조화시킴으로써 테이블 공간을 아름답게 표현하고 음식의 외형이나 그릇의 독창성을 살려 세팅한다.

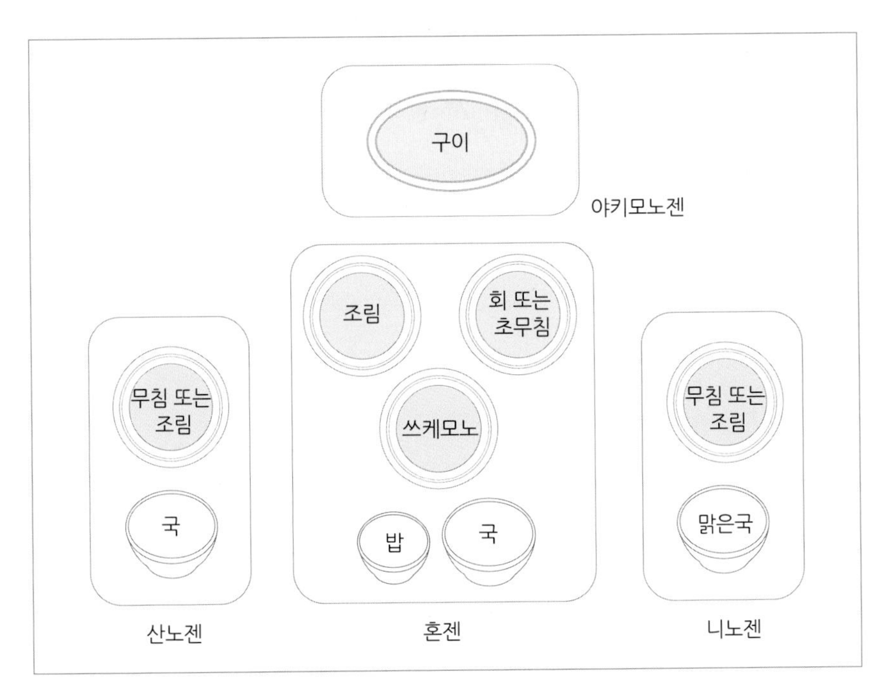

[그림 6-20] 일본 전통의 테이블 세팅

(3) 뷔페 상차림

뷔페 상차림은 시간에 구애받지 않고 손님의 좌석 배치에 신경 쓸 필요도 없으며 음식도 셀프서비스로 선택하는 자유로운 세팅 방식이다.

뷔페상 차림을 세팅할 때는 전채, 찬 음식, 더운 음식, 국물 있는 음식, 주식 등으로 구분하여 배선한다. 초장이나 초고추장 등의 조미품은 필요한 음식 바로 옆에 놓고 음식을 덜 때 필요한 주걱, 국자, 집게, 젓가락 등을 준비한다. 후식은 되도록이면 따로 상을 마련하거나 한 상에 놓을 때는 한쪽에 모아 차린다. 후식은 주된 음식이 완전히 끝난 다음에 들도록 유도한다.

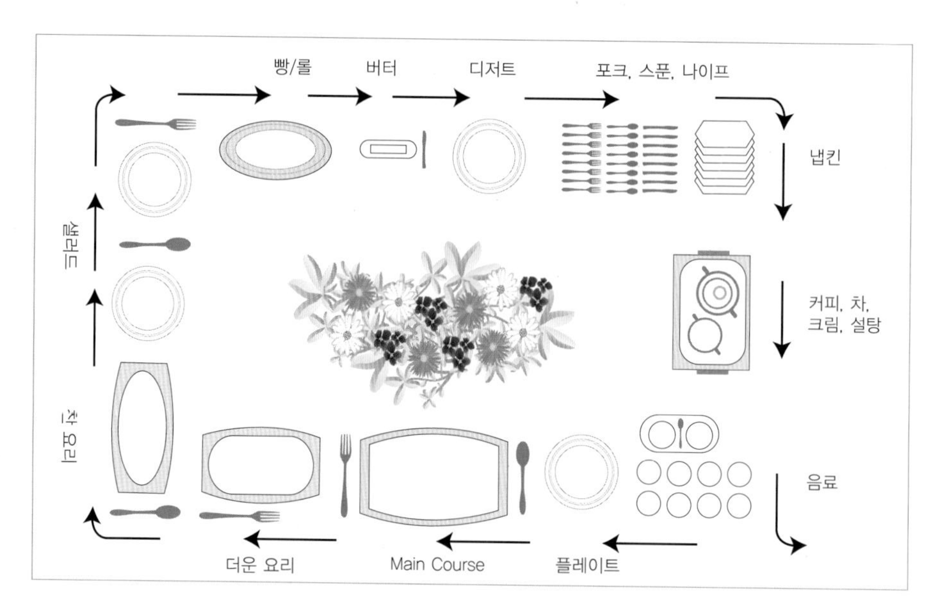

[그림 6-21] 뷔페식 상차림

(4) 테이블 세팅 순서

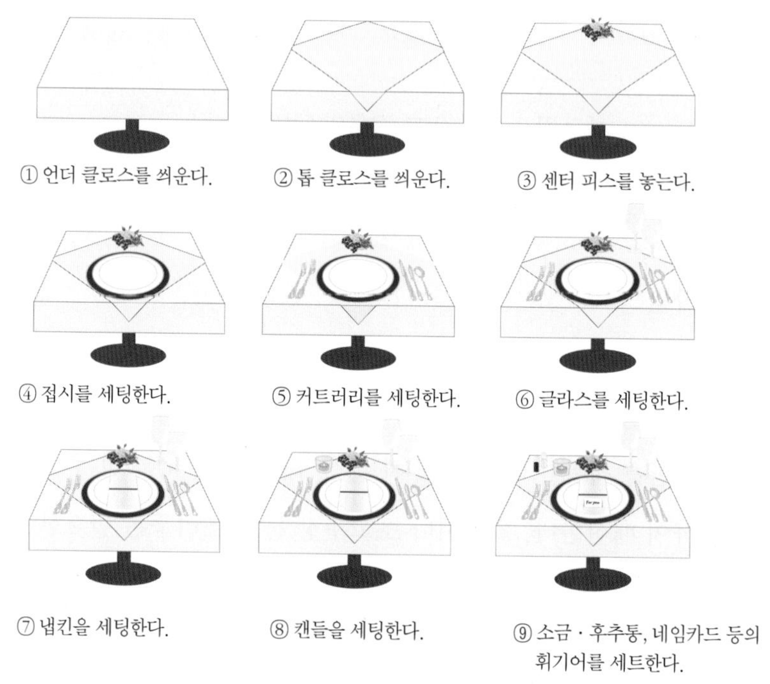

[그림 6-22] 테이블 세팅 순서

(5) 개인 & 공유 테이블 휴먼 스케일

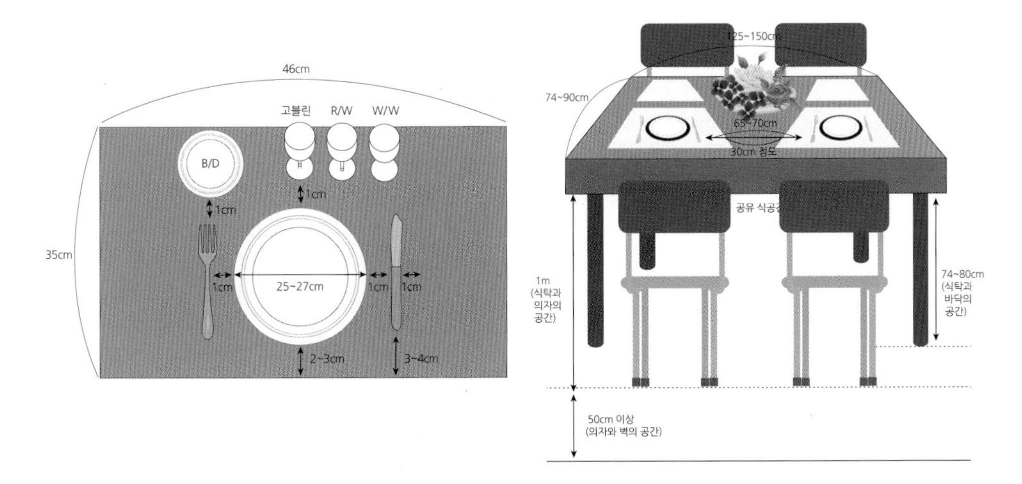

[그림 6-23] 개인 & 공유 테이블 휴먼 스케일

(6) 양식 식사 예절

- 즐거운 식사를 위해서는 식사자의 취향, 예산, 인원 등을 감안하여 레스토랑을 선택하고 예약하도록 한다.
- 일반적으로 상석은 입구에서 먼 곳, 벽을 등지고 있거나 전망이 좋은 곳이며, 통로 쪽이 말석이다.
- 식사 중에 팔꿈치를 괴거나 다리를 꼬지 않는 것이 바른 자세이며, 허리를 곧게 하고 테이블과 약 10~15cm 정도의 간격을 두는 것이 좋다.
- 실수로 포크나 나이프를 떨어뜨린 경우에는 직접 줍지 않고 웨이터를 불러 새 것을 가져오도록 한다.
- 나이프나 포크는 코스의 종류에 따라 다르지만 일반적으로 바깥쪽에 있는 것부터 순서대로 사용한다.
- 식사 중에는 나이프와 포크를 접시 위에 서로 교차하여 놓아 식사 중임을 알리고 식사가 끝나면 가지런하게 놓도록 한다.

(7) 뷔페 식사 예절

- 손님은 실례가 되지 않은 정도의 단정한 옷차림이면 무방하나 주최 측에 미리 옷차림을 물어볼 수 있다.
- 주빈이나 나이가 많은 사람부터 먼저 음식을 가져오고, 이때 왼손에 냅킨을 놓고 그 위에 큰 접시를 얹고 음식을 담도록 한다.
- 친한 손님끼리만 무리지어 수군대지 않고 손님끼리 서로 소개하며 여러 사람과 함께 담소하도록 한다.
- 자기 혼자 주인을 독점하지 말고 짧은 대화로 끝내도록 한다.
- 음식은 한꺼번에 많이 가져다 놓지 말고 자주 여러 번 담아 오도록 하며 먹을 양만큼 담아 음식을 남기지 않도록 한다.

3) 테이블 세팅 스타일의 구분

스타일(style)이란 물건 등의 종류와 형태, 모양을 뜻하며 테이블 연출 방법에는 클래식, 엘레강스, 캐주얼, 모던, 에스닉, 내추럴 스타일이 있다.

(1) 클래식 스타일

고전적, 전통적인 멋이 가미되어 안정감 있고 깊이감과 격조감이 있으며 어두운색을 기조색으로 장식이 수려한 디자인을 선택한다.

(2) 엘레강스 스타일

섬세하고 여성적인 부드러운 이미지이며, 색상은 파스텔 톤을 사용하고, 품위가 돋보이는 고급스런 도기 등을 활용한다.

(3) 캐주얼 스타일

약식(informal)의 의미를 나타내며 밝고 맑은 컬러, 콘트라스트가 강한 배색을 사용하며 나무와 스틸, 플라스틱과 나무 등으로 조화시켜 편안한 이미지를 나타낸다.

(4) 모던 스타일

도회적 감성, 개성적이고 진보적인 감각의 이미지를 말하며 양식적인 장식이 배제된 단순한 기능 위주의 경쾌한 스타일이다. 대담한 컬러 대비와 명암 대비로 미래 지향적인 감각을 느끼게 한다.

(5) 에스닉 스타일

에스닉은 민속적이고, 토속적, 전통적 개념의 뜻으로 특정 민족의 독특한 스타일을 의미한다. 그린색이나 강렬한 오렌지색 등의 자연을 닮은 색, 붉은색, 노란색 등의 원색, 흙에 가까운 나무색이나 카키색 등을 사용하며 민족 고유의 특징을 살린다.

(6) 내추럴 스타일

자연과의 조화에 중점을 둔 스타일이며 베이지, 브라운 톤의 색채와 옐로우, 그린 등 중간 톤 색채를 주조로 온화하고 자연을 느끼게 하는 이미지를 연출한다.

실습 / 테이블 웨어 & 센터 피스 트렌드 분석하기

■ 참조 자료

- 테이블 웨어 회사 홍보물
- 국내외 테이블 웨어 전문 잡지
- 플라워 어레인지먼트 관련 자료
- 각종 사무용품

■ 기기(장비·공구)

- 컴퓨터, 프린터, 빔프로젝터
- 포토샵 및 프레젠테이션 프로그램
- 문서 작성 프로그램
- 테이블

■ 안전·유의사항

- 테이블 웨어 전문 잡지에서 조사한 자료의 출처는 반드시 확인하고 기록하도록 한다.
- 업체의 테이블 웨어 및 센터 피스 자료 수집용 사진은 담당자의 허락을 득한 후 촬영한다.
- 자료는 촬영한 사진과 인쇄 사진 등을 구분하여 수집하고 팀원들은 적극적으로 참여한다.

■ 수행 순서

1. 팀원들의 의견을 취합하여 조사 업체 및 잡지를 선정하고, 테이블 웨어 및 센터 피스 관련 자료의 수집 방법 등을 결정한다.
2. 테이블 웨어, 센터 피스는 최신 트렌드를 분석한 후, 팀원들이 분담하여 자료를 수집한다.
3. 테이블 웨어는 활용 용도를 구분하고 센터 피스는 스타일별로 자료를 정리한다.
4. 업체, 잡지 및 인터넷 등에서 수집한 자료는 팀원들끼리 토론을 통해 자료를 분석하고 다양한 의견을 취합, 공유한다.
5. 테이블 웨어와 센터 피스는 종류별, 스타일별로 구분하여 요약 정리한 후, 포토샵 프로그램을 활용하여 조사한 사진 등을 편집하고 팀별로 보고서를 작성한다.
6. 팀별로 작성한 최종 자료는 각 팀에게 5~10분 정도 프레젠테이션을 한다.

TIP

- 자료 수집은 온라인 자료 검색을 통해 팀원들이 정보를 수집하고 국·내외 최신 유행 상품은 백화점 자료를 활용한다.
- 테이블 웨어 자료 수집 시, 인쇄 매체는 잡지, 회사 홍보물 및 브로슈어 등을 참조하고 센터 피스는 외식업체 및 호텔 연회장을 방문하여 조사한다.
- 테이블 웨어와 센터 피스는 음식의 종류와 콘셉트별 활용 방법을 구분하여 자료를 정리한다.

테이블 웨어 & 센터 피스 자료 조사 및 트렌드 분석 보고서 작성 양식

날짜		참여 학생(학번/이름)	
테이블 웨어 & 센터 피스 자료 조사 및 트렌드 분석			
구분	내용		
테이블 웨어 트렌드	테이블 웨어의 종류별 구분 및 최신 트렌드 분석		
센터 피스 트렌드	센터 피스는 외식업체 등에서 활용하는 스타일 및 최신 트렌드 분석		
테이블 웨어 & 센터 피스 수집 자료	테이블 웨어 & 센터 피스 사진 등 최종 편집본		
자료 수집 방법	방문한 업체, 인쇄 매체 및 온라인 등 수집한 자료의 출처		
Discussion	총평 및 느낀 점		

07

FOOD COORDINATION & CAPSTONE DESIGN

식공간 연출

1. 식공간의 개념
2. 단체급식에서의 식공간 연출
3. 외식업체에서의 식공간 연출
4. 파티와 식공간 연출

CHAPTER 07
식공간 연출

학습 내용

- 식공간의 개념을 이해한다.
- 단체급식에서의 식공간 연출 방법을 이해한다.
- 외식업체에서의 식공간 연출 방법을 이해한다.
- 파티의 종류를 구분하고 식공간 연출 방법을 이해한다.

1. 식공간의 개념

식공간은 물리적·공간적·시간적 요소들의 조화로 식사가 진행되는 상차림 공간이다. 또한, 식공간은 음식, 실내장식, 섬유, 소품, 식물, 미술품, 조명, 조리 도구, 테이블 세팅, 올바른 식사 방법에 이르기까지의 심미적, 기능적 구성 요소가 집합되어 있다.

인간의 감각 중에서 신속하게 상황을 전달하는 것이 시각이다. 이 시각은 미각에 영향을 미치며 맛과 냄새, 촉감 등을 공명적으로 느끼게 한다. 모든 형태와 색채는 보는 사람에게 여러 가지 감정을 일으키게 하는데 감정은 주관에 의한 것이고 개인적인 차도 적지 않으나 일반적으로 공통된 부분이 많다.

오감을 만족시키는 푸드 코디네이션, 테이블 세팅, 실내장식 등 식공간 구성 요소의 합리적인 조화는 음식의 미적 효과를 높이고 맛의 증진을 도모하여 식사 환경을 보다 쾌적하게 해준다.

식공간은 특정 또는 불특정 다수를 위한 상차림이 존재하는 곳으로 현대 사회에서는 단순히 식사를 하는 개념에서 벗어나 여유가 담긴 문화 및 휴식 공간 등 다양한 기능을 하는 새로운 환경으로 변화하고 있다

1) 식공간의 구성 요소

(1) 바닥

바닥은 시각 및 촉각적 느낌을 제일 먼저 느끼게 하며 실내의 첫인상을 결정짓는다. 음식을 다루는 공간에서는 식기, 글라스 웨어, 테이블 소품 등이 떨어졌을 때 소음이나 파열 처리에 무난한 소재의 사용이 바람직하다.

바닥은 패턴을 달리하여 고객의 이동 방향을 유도하거나 화살표 사인 등을 표시하여 고객이 자연스럽게 이동할 수 있도록 하기도 한다.

(2) 벽

벽은 사람과 가구의 배경적 효과가 돋보이도록 하는 것이 바람직하며 식공간의 색채는 음식, 인간, 공간, 시간 등의 변수를 고려해서 계획한다. 일반적으로 벽의 컬러와 소재는 음식의 맛 효과를 높일 수 있는 색 활용 및 배색 조화가 필요하다.

(3) 천장

천장은 식탁의 조명이 부착되는 곳으로 식탁이 놓이는 위치가 먼저 설정되어야 한다. 천장의 색은 조명과 디자인 조화를 고려해야 한다.

(4) 조명

조명은 고유의 분위기를 나타내며 편안한 식사와 다양한 분위기 연출에 필요한 실내장식 요소이다.

조명은 자연조명과 인공조명으로 나눌 수 있으며 자연조명은 태양 빛으로 창문 크기와 재료의 투과율에 따라 빛의 양이 달라진다. 인공조명은 실내 공간에 활용되며 음식의 맛 효과를 높일 수 있는 조명등이 사용되고 있다.

조명은 빛의 색에 따라 음식의 신선도 및 상태가 다르게 보이기 때문에 요리가 부각될 수 있는 효과적인 조명 디자인이 필요하다.

(5) 창

창은 전망을 보고 사물을 느끼며 빛을 받아들인다. 식공간에서 창의 크기는 실내 분위기 연출에 영향을 주며 일반적으로 작은 창은 안정감을 주고 연출 효과가 크다.

(6) 커튼

식공간에서 커튼은 실내·외의 단열 작용, 소음 방지, 조명의 효과 및 분위기를 연출하며, 채광 조절과 프라이버시 목적으로 사용한다.

커튼은 식공간 디자인과 조화를 이루는 이미지와 색채 및 소재를 선택하여 설치한다. 최근에는 다양한 블라인드를 사용하여 식공간 연출을 하고 있다.

(7) 장식적 요소

식공간에서 소품은 꽃, 과일, 접시, 인형, 항아리, 촛대 등이 있다. 소품은 장식적 요소로 전체 공간에서 포인트를 강조하며 통일된 분위기 연출과 예술적인 세련미, 개성의 표현, 미적 충족 및 극적인 효과를 준다.

그밖에 미술품, 조각품 등은 미적 가치를 높이며 적절한 활용은 실내 공간에서 시각적 효과를 높일 수 있다. 장식적 요소를 사용할 때에는 식사에 방해가 되지 않는 범위 내에서 사용해야 한다.

(8) 배경 음악

배경 음악은 식공간 분위기에 영향을 주는 요소로 편안한 음악은 고객 만족도를 높이고 더 오래 머물게 하고 싶은 심리 효과를 주며 빠르고 자극적인 음악은 좌석이 부족한 경우 속도감을 내도록 하여 좌석 회전율을 빠르게 한다.

팝 음악은 즐겁고 활기찬 분위기를 연출하며, 클래식 음악은 고급스런 분위기를 연출한다.

(9) 출입문

출입문은 고객에게 보이는 매장의 첫 이미지이며 공간의 첫인상을 나타내는 역할을 한다.

식공간의 출입문은 다른 공간으로 분리되는 효과를 주며 유리문은 시각적으로 공간감이 넓게 느껴지고 자유로운 분위기를 연출한다.

최근 출입구에는 대기 공간이 있어 기다리는 동안의 지루함을 줄이고 엔터테인먼트 요소를 더한 복합 공간으로 변화되고 있다.

2. 단체급식에서의 식공간 연출

급식 산업은 현대 식생활 양식의 변화에 따라 새롭게 등장한 산업 분야로 음식과 이에 따르는 서비스를 판매하거나 제공함으로써 편익과 가치를 창출하는 산업이다.

급식 산업은 단체급식(비상업적 급식)과 외식업(상업적 급식)으로 분류되며, 단체급식은 공장·사업장·학교·병원·기숙사·사회복지시설 등에서 영리를 목적으로 하지 않고, 특정 다수인을 대상으로 계속적인 식사를 공급하는 시설을 총칭한다.

단체급식은 급식 대상별 유형에 따라 학교 급식, 산업체 급식, 병원 급식, 영유아시설 급식, 사회복지시설 급식, 군대 급식, 선수촌 및 운동선수 급식 등으로 구분된다.

우리나라에서는 상시 1회 50인 이상에게 식사를 제공하는 학교 급식, 병원 급식,

사회복지시설 급식, 일부 사업체 급식(정부투자기관, 국가·지방자치단체, 지방공기업법에 의한 지방공사 및 지방공단, 특별법에 의하여 설립된 법인)에 영양사를 두어야 한다.

영양사는 식품이나 영양에 관한 전문적인 지식을 바탕으로 국민의 영양 및 건강 향상을 위해 일하는 사람을 말하며, 영양사의 직무는 식단 작성, 검식 및 배식 관리, 구매 식품의 검수 및 관리, 급식 시설의 위생 관리, 집단급식소의 운영일지 작성, 종업원에 대한 영양 및 위생 교육 등이 있다

단체급식 업체에서 영양사들은 식단 작성 시, 식품의 배합, 맛과 색 조화 및 푸드 디자인 등 푸드 코디네이션을 통해 식단의 특징을 살리고 심미성과 함께 급식의 질을 향상시키고 있다. 또한, 급식업체의 목표와 고객의 요구에 알맞은 이벤트 메뉴 개발, 푸드 스타일링, 테이블 세팅, 식공간 연출 및 서비스 등 급식 운영 전반에서 중추적인 역할을 수행하고 있다.

급식 산업은 상업성과 비상업성 급식의 활발한 교류로 뚜렷한 구별이 약해지고 있으며 식공간의 개념이 음식을 먹는 공간만이 아닌 다양한 기능적 역할을 하는 새로운 공간으로 변화되고 있다.

최근 단체급식업체에서는 신메뉴 개발과 이벤트 기획 시 행사 콘셉트, 음식의 특성 및 시대의 트렌드를 반영한 식공간 연출로 식사자들에게 음식의 만족도를 높이고 쾌적한 식환경 제공과 함께 수익성 제고를 모색하고 있다.

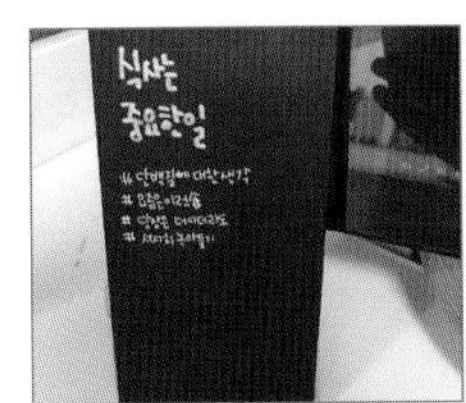

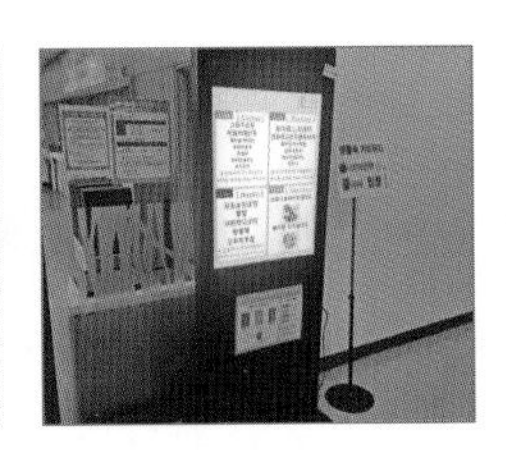

식당 입구

식사 공간

식당 내부 소품 전시 공간

배식 공간

[그림 7-1] 단체급식에서의 식공간 연출

1) 메뉴 관리

메뉴는 연회 또는 식사에서 제공되는 음식의 목차, 식단 또는 차림표를 말하며 단체급식에서는 급식 운영에 있어 중추적인 역할을 담당하는 관리, 통제 도구이며 고객을 연결하는 판매 촉진의 도구이다.

메뉴의 역할은 급식 운영 전반에 밀접하게 관련되어 급식 운영 시스템의 중심적인 기능을 수행한다. 조직의 목표와 고객의 요구에 맞게 메뉴가 계획되며 이에 따라 시설·설비 계획과 기기가 선정되고 음식 생산과 서비스가 이루어진다.

단체급식에서 메뉴는 피급식자의 영양 요구량, 식습관과 기호도, 음식의 관능적 요인과 급식업체의 식품 재료비, 인력과 조리기기, 급식 체계와 서비스 방법, 계절 식품, 향토 음식, 국가 시책 등 경영 측면을 고려해서 관리해야 한다.

(1) 메뉴의 유형

① 메뉴 품목 변화에 따른 분류

- 고정 메뉴

  외식업소에서 주로 사용되며 동일한 메뉴가 지속적으로 제공되는 형태이다

- 순환 메뉴

  일정한 주기에 따라 반복되는 형태로 제공되는 메뉴이며 급식대상자가 자주 바뀌는 병원 급식에서 적합하다. 학교 급식, 사업체 급식 등 중식 한 끼를 제공하는 곳에서는 1개월 주기가 바람직하며, 병원 급식은 일반적으로 10일 주기 이상의 식단을 사용하는 곳이 많으며, 사업체 급식은 10일, 15일 주기를 많이 사용한다.

- 변동 메뉴

  식단 작성 시 새로운 메뉴를 계획하는 것으로 학교 급식 등 단체급식소에서 가장 많이 사용된다.

② 품목과 가격 구성에 의한 분류

- 알라 카르테 메뉴

  메뉴 품목마다 개별적으로 가격이 책정된 메뉴이다.

- 따블 도떼 메뉴

  주메뉴에 몇 가지 단일 메뉴 품목을 합한 코스 메뉴를 말한다.

③ 선택성에 따른 분류

- 단일 식단

  끼니마다 한 가지 식단만 제공되는 형태이다.

- 부분 선택식 식단

  주메뉴나 부반찬 일부를 선택할 수 있게 하는 메뉴 형태이다.

- 선택식 식단

  복수 메뉴, 카페테리아식 메뉴를 말한다.

(2) 메뉴 계획 및 개발

메뉴는 고객의 요구와 기호도 반영, 급식의 생산성 및 수익성 제고를 위해 지속적으로 수정, 보완해야 하며 시대의 흐름에 따라 새롭게 개발되어야 한다.

메뉴 개발 시에는 기존의 메뉴를 평가한 후, 유지 메뉴, 수정 메뉴를 구분하여 보완 또는 새로운 메뉴를 개발해야 한다.

① 메뉴 계획 시 고려해야 할 사항

■ 고객의 요구

- 잠재적인 주요 고객들의 연령, 성별, 직업, 소득 등 콘셉트 개발의 중요한 요소에 대한 조사 분석이 선행되어야 한다. 이러한 정보는 고객의 음식 선호도와 잠재 고객 시장에 대한 정보를 제공해 준다.
- 고객들의 건강 및 영양에 대한 관심 증가로 건강 메뉴에 대한 중요성 및 사회 트렌드를 반영해야 한다.
- 음식의 색, 맛, 온도, 향미, 조직감 및 전체적인 외관 등 관능적 특성을 고려하여 푸드 코디네이션 및 식공간 연출을 계획해야 한다.

■ 단체급식업체의 경영 측면

- 메뉴는 예산 범위와 설정된 식재료비 비율에 맞도록 계획되어야 하고 원가 및 수익률 등의 목표 등이 필요하다.
- 주방 공간의 크기, 기기의 종류와 조리 인력의 역량 및 서비스 방식 등 다양한 요인을 고려해야 한다.

② 신메뉴 개발

신메뉴 개발은 기존 고객의 유지와 급식업체의 경쟁력 강화에 도움이 될 수 있다. 신메뉴를 개발할 때에는 다른 단체급식소, 새로운 식재료 개발 정보, 음식이나 급식 관련 인터넷 사이트 등에서 다양한 정보를 수집하고 새로운 메뉴 경향을 분석해야 한다.

또한, 메뉴별 식재료의 종류, 조리 공정, 푸드 코디네이션 및 전체적인 품질 수준을 평가하고 급식소 유형 및 대상, 고객의 요구 및 급식 경영 등 단체급식 메뉴로서의 타당성 검토가 필요하다.

[표 7-1] 신메뉴 개발 프로세스

신메뉴 개발 및 푸드 코디네이션의 필요성 인식				
아이디어 조사	정보 수집	데이터 분석	사회적 이슈 분석	업체 분석
• 실무 직원 및 고객 의견 수렴 • 식자재 정보 • 전문가 의뢰	• 국내외 시장 조사 • 최근 트렌드 • SNS 활용	• 메뉴 in & out 결정 • 메뉴 엔지니어링 • ABC 분석	• 자연식품 • 식자재 위험 요인 • 식품 위생 및 안전	• 동종 업체 조사 • 신규 업체 조사 • 포지셔닝맵 작성

↓

신메뉴 개발 및 푸드 코디네이션의 필요성 인식				
예상 단가	조리 방법 및 능력 수준	주방 기기 및 시설 활용	배식 방법	푸드 코디네이션 기획

↓

1차 테스트				
상품성 (맛, 푸드 스타일링)	유사 음식과의 차별화 및 경제성	식자재 구매 및 조달	위생 및 안전 (법적 사항)	OEM (식재료 전처리 및 가공)

↓

2차 테스트				
1차 피드백 사항 점검	직원 테스트	Recipe 및 메뉴얼 작성	예상 단가 결정	모의 실험 및 기대 이익 선정

↓

패널 및 경영자 테스트		
내·외부 패널 테스트 (In & Out 기준 설정)	체크리스트 작성 (맛, 오감 등)	Feedback

↓

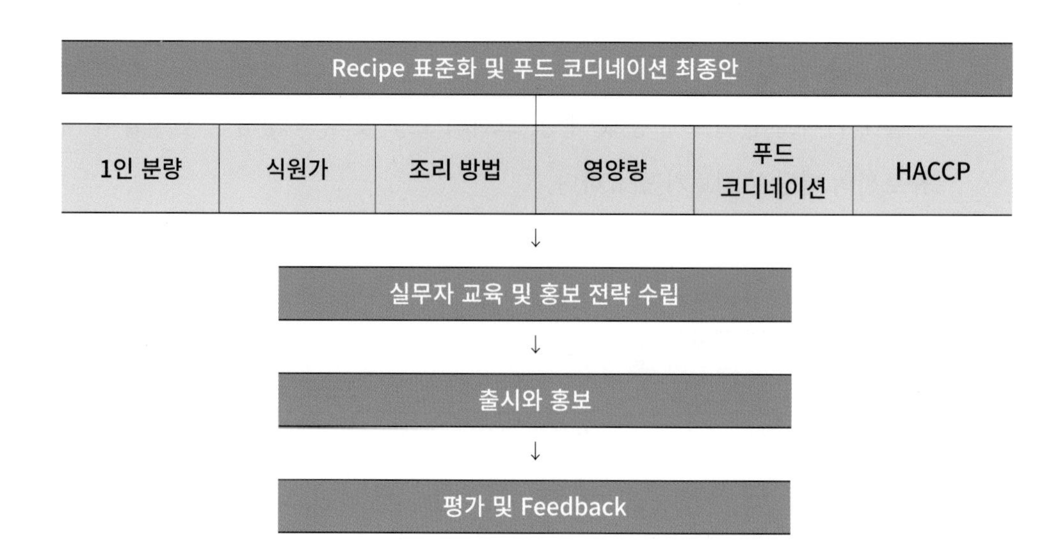

2) 이벤트

(1) 이벤트의 종류 및 내용

이벤트는 신제품 출시나 제품 홍보를 위해 개최하는 행사를 의미하며, 단체급식 업체에서는 음식과 함께 식공간 분위기 등을 변화시켜 마케팅 전략으로 활용하고 있다.

이벤트 식단 제공 시에는 양양·건강 관련 자료를 게시하여 다양한 정보를 제공해 주고 있으며 식단, 식품 전시 및 경품 행사 등을 시행하여 시각적인 효과와 함께 고객 만족을 실현하고 있다.

[표 7-2] 이벤트의 종류 및 내용

종류	이벤트 명	내용
계절 이벤트	봄 향기, 바캉스, 첫눈	사계절에 맞는 재료를 이용하여 메뉴를 제공함으로써 계절감을 느낄 수 있도록 한다.
고유 명절 이벤트	설날, 한가위, 대보름	고유의 명절을 맞이하여 명절 분위기를 내고, 고객들에게 명절 음식을 제공한다.

세계 음식 페스티발	중국 음식, 일식의 날, 동남아 음식의 날, 이탈리아 음식의 날	세계 각국의 음식을 맛볼 수 있는 기회를 마련하고, 각 나라의 의상 및 소품 등을 이용하여 새로운 분위기를 창출한다.
절기 이벤트	삼복, 경칩, 단오절식	절기에 맞는 재료가 음식이나 연중행사를 중심으로 이루어진다.
환경 이벤트	잔반, 유기농	날로 심각해지는 환경에 대해 조금이라도 생각할 수 있도록 한다.
학교 행사 이벤트	개학, 수능, 가을소풍, 운동회	학교 행사에 맞추어 진행한다.
경품 이벤트	고객 사랑, 포춘쿠키, 100% 당첨, 뽑기	흥미를 더하기 위해서 경품 행사를 함께 진행한다.
홍보 이벤트	홈페이지, 스마트폰 앱	위탁급식 업체 및 여러 협력 업체의 제품을 홍보하기 위해 진행한다.
건강 이벤트	사상의학, 대장금, 허브, 보양식, 과일·채소 이벤트	건강에 대한 요구가 높아지는 현대인들의 취향을 고려한 건강식 메뉴 및 정보를 제공한다.
기념일 이벤트	생일자, 창립기념일, 발렌타인데이, 화이트데이, 블랙데이, 빼빼로데이	고객에게 기념이 될 만한 날에 이벤트를 실시하여 고객과의 공감대가 형성되도록 유도한다.
사회 이슈 이벤트	올림픽, 월드컵, 아시안게임	사회적인 대규모 행사 및 이슈를 바탕으로 진행한다.

[표 7-3] 이벤트의 게시물 & 행사 내용

게시물		행사
스토리가 있는 계절 특식 제공	**질환별 콘셉트 데이 게시물**	**건강 이벤트**
***3월** • 향긋한 봄 밥상, 소화가 잘되는 식단 ***6월** • 싱그러운 여름 밥상, 변비에 도움 이 되는 식단 ***7월** • 복날 기운 불끈 삼계탕, 더운 여름 시원한 밥상 식단 ***9월** • 수확의 계절 가을 밥상, 복을 기원하는 가을 식단, 원기를 듬뿍 가을 보양식 식단 ***12월** • 추운 날씨에 건강을 지키는 겨울 밥상 식단, 뼈 건강에 도움이 되는 식단, 겨울에 칼칼하고 국물이 일품인 추억의 오뎅바 식단	• 질환별 영양 정보 및 교육 자료 게시 • 몸에 좋은 식재료 게시 • 계절별 건강 가이드 • Fresh Day 식품 전시 및 영양 정보 게시 • 월별 레시피 게시 • 고객 맞춤 레시피 제공 • 공중보건 & 위생 교육용 포스터 게시 • 고객 맞춤 & 추천 식단표 제공	• 건강 메뉴 개발과 시연, 메뉴 교육 • 제철 음식, 건강 및 저당 음식 쿠킹 클래스 • 헬스데이, 슈퍼푸드, 봄철 식품 전시 • 콘셉트데이&세프 및 영양 상담 컨설턴트 동행 지원 행사 • 고지혈증 뇌경색 등 질환별 건강 메뉴 개발 및 전시 • 질환별 몸에 좋은 음식 전시 • 제철 식자재를 활용한 메뉴 개발 및 전시

(2) 이벤트의 식공간 연출 절차

- 이벤트 콘셉트 정하기
- 예산 설정
- 식단 및 조리 계획 수립
- 푸드 코디네이션 및 테이블 세팅 기획
- 물품 구매 관리
- 식공간 연출 및 현장 총지휘
- 이벤트 진행
- 뒷정리
- 평가 및 피드백

(3) 이벤트의 식공간 연출 시 고려해야 할 사항

- 단체급식업체의 운영 조건과 식공간 연출의 목적에 맞아야 한다.
- 급식 대상별 유형 및 특성 등을 분석하여 단체급식에 알맞은 식단 계획 및 메뉴별 푸드 코디네이션을 한다.
- 급식 고객의 요구도를 반영하여 행사 콘텐츠을 기획하고 이벤트 특성을 살린 전시 공간 연출이 필요하다.
- 단체급식업체의 경제성을 고려하여 식공간 연출에 소요되는 비용, 예산 등을 효율적으로 관리한다.

(4) 이벤트의 식공간 연출

이벤트 식단은 급식자들의 연령, 성별, 영양요구량, 기호도를 반영하여 메뉴를 선정하고 음식의 관능적 특성을 살릴 수 있는 푸드 코디네이션을 기획한다.

이벤트의 테이블 세팅, 영양 정보 제공을 위한 게시물, 식재료 전시, 홍보물, 행사와 관련된 경품, 기계, 기물 등은 이벤트 콘셉트와 식당 홀의 크기에 알맞도록 식공간을 연출한다.

창립기념일 식단

정월대보름 식단

크리스마스 이벤트 경품　　추억의 뽑기 이벤트 경품　　잔반 줄이기 이벤트 경품

이벤트 식단 및 전시물

[그림 7-2] 절기 이벤트의 식공간 연출

특식 식단

특식 이벤트 경품

[그림 7-3] 특식 식단 및 전시물

뷔페 식단 및 테이블 세팅

[그림 7-4] 뷔페 이벤트 및 테이블 세팅

3. 외식업체에서의 식공간 연출

외식은 가정 외에서 조리된 음식을 가정 내·외에서 소비하는 것을 말한다. 외식 산업은 외식 상품의 기획, 개발, 생산, 유통, 소비, 수출, 수입, 가맹 사업 및 이에 관련된 서비스를 행하는 산업으로 일반음식점, 테이크아웃, 주문 배달, 가정식 대용 식품(HMR), 단체급식, 케이터링(출장 외식업) 등으로 구분할 수 있다

경제 발달에 따른 국민소득의 증가는 외식 산업이 발전하는 원동력이 되었고 외식은 단순히 식사를 하는 의미에서 벗어나 사람들과 상호 교류하는 사회적이고 사교적인 활동으로 인식되고 있다.

최근 소비자들은 외식업체에서 제공하는 상품에 대한 시각적인 효과에 대한 관심이 높아지고 있으며 음식의 맛, 서비스, 분위기 등 상품을 제공하는 식공간 전체에 대한 미적인 기대감도 높아지고 있다. 따라서 외식 업체에서는 음식을 판매하고 상품화시키는 과정에서 음식의 종류와 특징을 살릴 수 있는 시각적인 요소를 발전시키고 음식을 제공하는 테이블과 식공간의 분위기를 효율적으로 연출하여 고객의 가치를 높이고 외식 산업의 질적 향상을 도모해야 한다.

(1) 한국표준산업분류에 의한 외식 산업의 분류

대분류	중분류	소분류	세분류	세세분류
1. 숙박 및 음식업	음식점 및 주점업(56)	음식점업(561)	일반 음식점업(5611)	한식 음식점업
				중국 음식점업
				일본 음식점업
				서양 음식점업
				기타 외국식 음식점업
			기관 구내식당업(5612)	기관 구내식당업
			출장 및 이동음식업(5613)	출장 음식 서비스업
				이동 음식업
			기타 음식점업(5619)	제과점업
				피자, 햄버거, 샌드위치 및 유사 음식점업
				치킨 전문점
				분식 및 김밥 전문점
				그외 기타 음식점업
		주점 및 비알코올 음료점업(562)	주점업(5621)	일반유흥 주점업
				무도유흥 주점업
				기타 주점업
			비알코올 음료점업(5622)	비알코올 음료점업

(2) 외식 산업의 특징

① 전형적인 소비 산업

② 시간과 공간의 제약성

③ 다점포 전개의 용이성

④ 고객 지향적인 사업

⑤ 입지 의존성

(3) 외식 콘셉트

콘셉트는 이미지로 보이는 것으로 메뉴, 품질, 서비스, 식자재, 위치, 경영 형태, 분위기, 가격 등에 의해 결정된다.

외식 콘셉트의 역할은 업체만의 차별화된 가치와 개성을 전달할 수 있으며 고객 행동에 영향을 줄 수 있다. 따라서 외식업체에서는 메뉴, 서비스, 인테리어, 마케팅 등을 콘셉트에 맞게 개발하여 긍정적인 브랜드 이미지를 구축하고 타 업체와의 차별화로 고객 만족 및 매출 증대에 기여할 수 있다.

① 콘셉트 결정 시 고려해야 할 사항

- 고객 시장
- 경영 형태
- 식재료의 형태
- 메뉴의 수
- 서비스 형태
- 종사원의 고용 형태
- 광고 및 홍보 방법

② 외식 콘셉트 결정 과정

- 1단계 : 외식 시장 환경 분석 및 재정 타당성 조사
- 2단계 : 메뉴, 서비스, 분위기, 식자재, 경영 형태, 가격 결정
- 3단계 : 각 요소의 조화 및 고객의 요구에 부합하는지 평가
- 4단계 : 평가 후 개선 사항 조정

(4) 외식업체의 유형에 따른 식공간 연출

외식업체에서 식공간은 불특정 다수를 위한 식사 및 식사와 관련된 모든 공간을 의미한다.

식공간은 고객에게 직관적으로 보이는 것으로 메뉴 구성, 고객층, 객단가 등을 고려하여 적합한 식공간의 형태 및 규모, 배치 방법 등을 계획해야 하며 브랜드 콘셉트와 일치되고 요소들 간의 조화를 이루어야 한다.

외식 산업은 유형에 따라 푸드 코디네이션과 식공간 연출이 특징적으로 다르게 표현되며, 메뉴와 식공간을 어떻게 연출하느냐에 따라 소비자의 만족도가 달라질 수 있다. 따라서 외식업체에서는 식공간 연출 시 콘셉트와 서비스 형태에 맞추어 음식 상품을 소비자의 요구와 목적에 맞도록 알맞게 구성해야 한다.

외식 산업은 서비스하는 음식과 서비스 유형에 따라 파인다이닝, 캐주얼 다이닝, 패스트 캐주얼, 패스트푸드점으로 구분되며 식사의 목적과 최신 트렌드, 고객층의 취향에 알맞도록 식공간을 연출하여 기능적이고 문화적인 공간 조성과 함께 식사 만족도를 높여야 한다.

① 파인다이닝(Fine Dining)

파인다이닝은 풀 서비스(Full service) 레스토랑이며 고품격의 서비스와 최고급 시설을 갖추고 있다. 음식은 대부분 특정 코스 요리로 구성되며 요리의 예술적인 요소를 고려하여 아름답고 독창적이며 조리 과정도 정교하다.

훈련받은 서비스 직원과 전문 소믈리에가 상주해 수준 높고 정중한 풀 테이블 서비스(full table service)를 제공하며, 고급 식재료와 섬세한 데코가 더해진 특별 요리를 즐길 수 있다.

손님의 대부분이 특별한 목적을 기지고 식사할 뿐만 아니라 고급스럽고 특별한 경험을 하고자 하므로 식사를 통해 사교적이고 사회적인 역할이 강조되는 형태라고 할 수 있다. 또한, 손님들은 음식의 디자인과 전체적인 식공간의 분위기와 서비스에 대한 기대가 높으며 격식 있는 분위기를 즐긴다.

테이블에는 식사 코스에 맞추어 와인잔, 고블렛, 냅킨, 커트러리 등은 클래식 스타일을 세팅하며 서비스는 지속적으로 제공되어야 한다. 실내 인테리어나 테이블 클로스, 테이블 웨어, 센터 피스는 파인다이닝의 이미지에 맞는 고급스럽고 우아한 이미지를 연출하기 위하여 계절감을 나타낼 수 있는 꽃 그리고 고급 식기와 도구들을 사용해야 한다. 테이블 클로스와 냅킨은 천으로 된 소재를 사용하고 인테리어로 연출되는 가구나 다이닝룸 자체의 디자인도 고급스럽게 연출한다. 조명의 조도는 낮고, 음악은 자극적이지 않은 클래식 연주곡을 선택하는 것이 바람직하다.

파인다이닝 레스토랑에는 호텔의 전문 레스토랑, 정통 프렌치 레스토랑 등이 있다.

[그림 7-5] 파인다이닝의 식공간 연출

② 캐주얼 다이닝(Casual Dining)

캐주얼 다이닝은 일반적인 테이블 서비스와 풀 메뉴를 제공하며 파인다이닝과 패스트 캐주얼의 중간 형태이다. 대부분의 캐주얼 다이닝은 중간 수준 가격대의 다양한 메뉴를 제공하는데 고객은 음식의 맛과 분위기 및 서비스에 기대하는 바가 크다. 캐주얼 다이닝은 셀프 서비스 레스토랑들과는 다르게 정식 메뉴를 구성하며 메뉴가 보다 다양하고, 주로 취급하는 주류는 중저가의 술이다. 캐주얼 다이닝에서는 복장 규제와 테이블 매너에 대해 엄격하지 않으므로 캐주얼한 분위기에서 편안한 식사가 가능하다.

테이블에는 고블렛과 냅킨, 커트러리, 와인 글라스·플레이트·커트러리가 식사 코스에 맞게 세팅된다. 식공간의 이미지는 판매하는 음식의 종류나 식당의 콘셉트에 따라 다양하며 전체적인 분위기와 서비스는 파인다이닝에 비해 자유롭게 연출한다. 식공간은 조도를 낮게 하여 안락하고 편안한 분위기를 연출하고 음악은 대화를 나누기에 좋은 중간 템포의 곡을 선택한다.

뷔페 레스토랑은 주로 조금 더 활발하고 밝은 분위기를 연출하며 조명은 음식을 돋보이도록 하고, 사람들의 동선을 고려하여 테이블 세팅을 한다.

캐주얼 다이닝 레스토랑에는 패밀리 레스토랑, 비스트로, 한식당 및 뷔페 식당 등이 있다.

[그림 7-6] 캐주얼 다이닝의 식공간 연출

③ 패스트 캐주얼

패스트 캐주얼은 일반 캐주얼 레스토랑과 패스트푸드점의 중간 형태로 제한된 서비스만을 제공받을 수 있다. 경제적인 측면을 고려한 식사와 건강 지향적인 음식을 요구하는 소비자들에게 적합한 형태로 만들어진 레스토랑으로 매년 시장 규모가 성장하고 있다.

패스트 캐주얼은 테이블 서비스를 제공하지 않고 카운터에서 손님이 직접 주문하고 음식을 가져가는 형태로 편리성과 비용 절감의 효과를 가진다.

패스트 캐주얼 레스토랑은 패스트푸드점보다 음식 재료의 질을 높여 비교적 더 나은 품질의 음식을 먹을 수 있으며 주문 후 생산 시스템으로 운영된다.

패스트푸드점에 비해 조리 시간은 오래 걸리지만 여유롭고 편안한 분위기에서 양질의 식사를 할 수 있으며 식공간은 자연스럽고 부드러운 이미지를 연출한다.

패스트 캐주얼 레스토랑에는 샌드위치 전문점, 분식점, 일품요리 전문점, 카페테리아 등이 있다.

[그림 7-7] 패스트 캐주얼의 식공간 연출

④ 패스트푸드점

페스트푸드점은 퀵서비스 레스토랑이라고도 하며 햄버거, 샌드위치, 치킨, 도우넛, 피자 등과 같이 간단하게 만들어 빠른 시간 안에 음식을 제공한다.

신속한 서비스, 저렴한 객단가, 한정된 메뉴를 제공하며 셀프서비스 방식으로 테이크아웃이 가능하다.

패스트푸드점을 이용하는 고객층은 편리성, 경제성을 중요하게 생각하므로 회전율을 빠르게 하고 세부 공간들이 개별적인 고유 기능을 수행할 수 있도록 식기나 매장의 인테리어도 최대한 간편성을 고려하여 디자인한다.

테이블에는 아무것도 세팅하지 않으며 주문한 음식과 함께 필요에 따라 커트러리나 소스 등이 일회용으로 제공되는 경우가 많다.

식공간은 퀵서비스를 원하는 소비자의 요구에 맞추어 심플하게 구성하고 청결한 분위기에서 간편한 식사를 할 수 있도록 연출한다.

[그림 7-8] 패스트푸드점의 식공간 연출

4. 파티와 식공간 연출

1) 파티의 개념

파티는 'partie'에서 유래되었으며, '모임', '정당'의 뜻으로 친목 도모와 기념일을 위한 잔치나 사교적인 모임이라고 정의할 수 있다.

유럽에서는 고대 그리스 시대부터 왕족과 귀족들이 향연의 중심 인물이었고, 우리나라에는 개화기 서양문화 도입과 함께 파티가 시작되었다.

파티는 어떤 목적을 갖고 모인 집단이나 일행들이 음식과 사람과 정보 등 자신을 표현하고 개발하는 활동으로 문화적, 사회적, 정치적, 경제적 가치 창출에도 많은 역할을 하고 있다.

2) 파티 플래닝

파티 플래닝은 파티를 기획하고 진행하는 일련의 과정을 말하며 파티 콘셉트 선정, 파티 장소 섭외, 파티 연출에 필요한 프로그램 기획, 예산안 작성, 출연자 섭외 , 플라워 장식, 테이블 세팅 등 파티 공간 연출 등 일련의 과정을 준비하는 것이다.

파티를 기획할 때에는 파티 주최자와 초대받는 손님, 개최 장소, 파티의 목적 및 콘셉트, 예산과 경비 등 파티의 방향을 제시할 수 있는 요소들을 고려해야 한다.

파티 플래너는 파티 목적에 맞는 원활한 진행으로 편안한 분위기를 만들어야 하며, 파티의 중심은 사람이므로 열린 마음으로 사람을 대하고, 사교적이며 관심과 배려의 자세를 갖추는 것이 중요하다.

(1) 파티 기획

① 파티 제안서를 작성한다.

② 파티 콘셉트를 결정하고 의뢰인과 협의한다.

③ 파티 일정 및 장소, 출연자, 예산 등의 세부 계획을 세운다.

④ 파티에 필요한 장식 등의 물품과 장비를 제작하고 대여해 줄 업체를 선정한다.

⑤ 조명·음향·무대 등과 같은 특수 효과와 음식, 파티장 장식 등의 세부 계획을 세운다.

⑥ 댄스팀·연주팀과 같은 공연팀을 섭외한다.

⑦ 파티장의 음식 및 플라워 장식에 필요한 소품을 구입한다.

⑧ 초청 대상자의 참석 여부를 확인한다.

⑨ 파티 당일 사전 준비사항을 점검한다.

⑩ 파티 현장 코디네이션 및 총지휘를 한다.

⑪ 파티가 끝난 후 마무리한다.

⑫ 초청자 리스트 등 파티 진행의 결과를 평가한다.

(2) 파티의 종류

① 조찬 파티

조찬은 아침 8~9시 사이에 회의와 함께 시작하는 유명 인사와 공인들의 조찬 모임으로 파티 형식보다는 사업상의 모임이다.

② 브런치 파티

브런치는 휴일에 주로 아침과 점심을 겸하여 친구들끼리 또는 가족들과 느긋하게 하는 식사로 화려한 분위기보다 편안한 분위기를 선호한다.

③ 런천 파티

런천 파티는 비즈니스 모임이나 외교관 부인들의 모임이 일반적이며 정찬 형식의 음식과 테이블 세팅이 준비된다.

④ 티 파티(Tea Party)

영국에서 유래된 사교 모임으로 각종 차와 과자 등을 차려 놓고 손님들을 초대하는 파티를 말한다.

티 파티는 음식보다는 분위기를 즐기는 것으로 모임의 성격이나 계절에 어울리는 식탁보와 냅킨, 찻잔, 식기 등에 신경을 써야 한다.

⑤ 칵테일 파티

각종 주류나 음료 및 핑거 푸드가 제공되며 스탠딩 형식으로 행하여지는 연회이다. 디너 파티보다 비용이 적게 들고 복장이나 시간의 제약을 받지 않는 격식이 없고 자유로운 분위기의 파티이다.

⑥ 디너 파티(Dinner Party)

연회 중 가장 격식을 차린 공식적인 연회이다.

정식 초청장에 초대된 사람들만 참석하는 것이 원칙이고 복장에 대한 명시가 되어 있으며 만약 명시가 없는 경우에는 정장을 입는다.
풀코스의 만찬이 일반적이지만 참석하는 사람의 수가 많으면 뷔페로 제공되기도 한다.

⑦ 뷔페 파티
뷔페는 장소는 좁고 손님의 수가 많을 때 일정한 격식을 차리지 않고 간편하게 손님을 접대할 수 있는 효율적인 파티 형태이다.
뷔페 형식은 시팅 뷔페(sitting buffet), 스탠딩 뷔페(standing buffet), 온테이블 뷔페(on table buffet)로 구분할 수 있다.
시팅 뷔페는 본인의 테이블로 음식을 가져와서 먹는 스타일이고, 스탠딩 뷔페는 음식을 세팅하고 자유로이 서서 먹는 스타일이다. 온테이블 뷔페는 중국 식당과 같이 인원수대로 음식을 놓고 좌석에 앉아 각자의 음식을 덜어 먹을 수 있는 스타일이다

⑧ 리셉션 파티(Reception Party)
리셉션은 국가적 행사나 공공기관 또는 회사가 목적을 가지고 손님을 초대하여 베푸는 공식적인 파티이다.
식사하기 전 리셉션을 하는 목적은 손님들이 서로 모여 간단히 제공되는 음식을 먹으면서 파티를 즐기는 것이다.
리셉션 파티는 격식이 높고 공식적인 행사에 공식 만찬이 함께 행해지며 파티 참석자들은 복장이나 예의범절에 유의해야 한다.

⑨ 가든 파티(garden Party)
정원에서 하는 비교적 규모가 큰 파티의 하나로 정원의 경치가 아름다운 계절에 주로 개최한다.
일반적으로 가든 파티는 수백 명에 달하는 사람을 초대하여 각종 여가를 즐기

며 접대하는 사교적 행사를 말하며 야외 연극, 발레, 음악회 등의 문화적 행사와 테니스 등의 스포츠 행사를 진행한다.

⑩ 피크닉 파티(Picnic Party)

야유회에 가서 하는 파티를 말하며 피크닉 음식은 신선하고 물기가 없는 간편한 메뉴가 바람직하다.

일반적으로 피크닉 파티에 사용하는 식기 및 테이블 소품 등은 캐주얼 스타일이 바람직하다.

⑪ 바비큐 파티(Barbecue Party)

바비큐는 옥외용 숯불구이 석쇠를 뜻하며 옥외 파티란 의미로 사용될 때에는 조리 방법을 석쇠구이로 한정시킬 필요는 없다.

최근에는 빌리지, 루프탑, 캠핑장, 야외 수영장 등에서 다양한 콘셉트의 바비큐 파티를 개최하고 있다.

⑫ 포틀럭 파티(Potluck Party)

포틀럭은 있는 것만으로 장만한 음식이라는 뜻으로 파티 참가자들이 각자 하나의 요리를 들고 와서 먹는 파티 형식이다.

파티 초대장에 B.Y.O(Bring Your Own)이라 쓰여 있으면 이는 포틀럭 파티를 의미하며 초대장에는 파티를 제대로 즐길 수 있도록 파티 메뉴의 콘셉트를 명시하는 것이 좋다.

⑬ 샤워 파티(Shower Party)

샤워 파티는 우정이 비처럼 쏟아지는 파티라는 의미로 친한 친구들끼리 모여 축하받을 사람을 중심으로 주최하며 그에 대한 보답으로 참석자들이 선물을 하는 파티이다.

샤워 파티에는 브라이들 샤워 파티(Bridal Shower Party)와 베이비 샤워 파티(Baby

Shower Party) 등이 있다.

브라이들 샤워 파티는 결혼식 전에 신부 친구들이 신부를 위해 각종 선물을 준비해 주는 것으로 여자들만의 모임이다.

베이비 샤워 파티(Baby Shower Party)는 아기가 태어나기 전에 파티를 열며, 이때 아기 부모에게 필요한 아기용품 등을 미리 선물한다. 파티 주최자는 예비 엄마의 가장 친한 친구가 하며 일반적으로 파티는 출산 예정일 4~6주 전에 집에서 한다.

그 외에 남자들만의 샤워 파티에는 예비 신랑이 결혼식 전에 친한 친구들과 모여 마지막으로 파티를 하는 베출러 파티(Bachelor Party)가 있다.

⑭ 웨딩 파티

웨딩 파티는 결혼식에서 준비되는 피로연을 말한다. 서양에서는 가든 파티 형식으로 이루어지지만 우리나라에서는 주로 호텔이나 실내 피로연장에서 진행한다.

파티 형식은 세미 디너 또는 뷔페 파티로 하는 경우가 일반적이다.

⑮ 생일 파티

가족과 친구들이 생일을 축하해 주기 위하여 개최하는 파티로 가장 많이 개최되는 파티이다.

파티 스타일은 개최 장소나 주인공의 성격에 맞게 캐주얼부터 클래식까지 다양하게 연출할 수 있으며 초대받은 사람들은 간단한 선물을 준비하는 것이 기본 예의이다.

⑯ 시즌 파티

시즌 파티에는 발레타인데이 파티(Valentine Day Party), 핼러윈 파티(Halloween Party), 추수감사절 파티(Thanksgiving Day Party), 크리스마스 파티(Christmas Party) 등이 있다.

발렌타인데이 파티는 성 발렌타인에 의해 유래된 날이며, 20세기 이르러 남녀가 사랑을 고백하고 선물을 주고받는 날로 바뀌게 되었다. 특히 우리나라에서는 여성이 좋아하는 남성에게 초콜릿을 선물하고 사랑을 고백하는 날로 인식되고 있다.

핼러윈 파티는 켈트인의 전통 축제에서 유래한 것으로 어린아이들이 귀신 복장이나 무서운 가면을 쓰고 집집마다 돌아다니며 "trick or treat"을 외치며 초콜릿과 사탕을 얻으러 다니는 날이다. 핼러윈 파티에는 양초, 캔디, 호박, 해골 등을 연출하고 블랙과 오렌지색 등을 활용한다.

추수감사절 파티는 수확의 풍요함을 감사하며, 그동안의 노고를 위로하는 축제를 말하며 우리나라의 추석과 비슷한 성격을 지닌다.

미국에서는 칠면조 고기와 호박 파이의 축제가 고유한 풍습으로 정착되었으며 오늘날 추수감사절 파티에는 칠면조 고기, 고깃국물, 으깬 감자, 크랜베리 소스 등이 대표적인 음식으로 사용된다.

크리스마스 파티는 예수 그리스도의 탄생을 기념하는 축제이다. 크리스마스에는 초록, 빨강, 골드, 실버, 화이트 색채가 사용되며 크리스마스 케이크와 트리, 리스, 종, 초, 포인세티아 등을 다양하게 연출한다.

(3) 파티의 식공간 연출

파티의 식공간은 파티의 목적과 특성에 맞는 푸드 스타일링과 테이블 세팅을 계획해야 한다.

파티 콘셉트, 개최 시간과 장소, 참석자의 연령 및 취향 등을 고려하여 식공간 스타일을 결정하고 콘셉트 푸드와 포인트 컬러 활용으로 차별화된 파티를 연출할 수 있다.

파티는 시대의 흐름이나 계절 감각 및 최신 트렌드를 반영하여 식공간을 연출하고 테이블 세팅에 사용하는 음식, 식기류, 소품, 플라워 등은 형태와 색상에 통일감을 줄 수 있도록 조화 있게 배치하여 미적 효과를 높인다.

파티 식공간은 어느 한정된 공간만을 나타내는 것이 아니라 매우 광범위한 의미를 지닌다. 파티의 효과를 높이기 위해서는 파티 장소 및 주위의 배경과도 잘 어울릴 수 있도록 심미적이고 아름답고 쾌적한 분위기를 연출해야 한다.

[그림 7-9] 파티의 식공간 연출

실습 / 이벤트 & 파티 기획안 작성

■ 참조 자료

- 국내외 잡지
- 외식 및 급식업체 자료
- 외식 및 급식업체 홍보물
- 호텔 이벤트 행사 자료
- 파티 전문업체 홍보물

■ 기기(장비·공구)

- 컴퓨터, 프린터, 스캐너, 빔프로젝터
- 포토샵 및 프레젠테이션 프로그램
- 카메라 또는 스마트 폰
- 문서 작성 프로그램

■ 안전·유의사항

- 국내외 잡지에서 조사한 자료의 출처는 반드시 분야별로 구분하고 기록하도록 한다.
- 팀원들은 급식업체와 외식업체를 구분하여 최근의 유행 아이템을 수집하고 경제적 측면을 고려하여 활용 가능한 자료를 수집한다.
- 이벤트&파티 자료 조사는 구성원 전체가 적극적으로 참여하고 자료 수집 및 기획 아이디어는 팀원 각자의 의견을 수렴한다.

■ 수행 순서

1. 외식 및 급식업체에서 시행하고 있는 이벤트&파티 관련 자료를 수집한다.
2. 수집한 이벤트&파티 자료 중에서 활용 가능한 내용을 선택한 후, 창의적인 아이디어를 도출한다.
3. 콘셉트를 선정한 후, 메뉴 계획, 푸드 스타일링, 테이블 세팅, 식공간 연출 및 경품 행사 방법 등을 수립한다.
4. 이벤트&파티 콘텐츠 기획안을 작성한다.
5. 팀별로 작성한 최종 자료는 각 팀에게 5~10분 정도 프레젠테이션을 한다.

TIP

- 이벤트 & 파티 자료는 팀별로 외식과 급식업체에서 시행하고 있는 방법을 구분하여 조사한다.
- 자료 수집 시, 방송 매체 홍보, 광고(CF), 인터넷, SNS 등을 참조하고 이벤트 방법은 업체를 방문하여 경험한 내용을 바탕으로 아이디어를 창출한다.
- 이벤트 & 파티 기획은 최신 유행하는 트렌드를 반영하고 팀별 콘셉트 선정은 팀원 전체의 의견을 취합한 후 결정한다.
- 이벤트 & 파티의 경품 행사 및 홍보는 최근 파티 전문업체 등에서 시행하고 있는 방법을 조사한다.

이벤트 & 파티 기획안 작성 양식

날짜		참여 학생(학번/이름)	
이벤트 & 파티 기획안			
구분	내용		
Concept	이벤트 & 파티 Concept		
메 뉴	콘셉트에 알맞은 음식명 및 조리 방법		
푸드 코디네이션	콘셉트에 알맞은 푸드 디자인, 색채 계획, 푸드 스타일링		
식공간 연출	콘셉트에 알맞은 테이블 웨어 및 테이블 세팅		
행사 아이디어	경품 및 홍보 행사		
참조한 자료	자료 및 출처		
discussion	평가 및 느낀 점		

08

음료의 이해

1. 와인
2. 전통주
3. 커피

CHAPTER 08
음료의 이해

학습 내용

- 와인의 종류와 테스팅을 이해한다.
- 전통주의 분류 및 제조방법을 이해한다.
- 커피의 산지별 특징과 제조방법을 이해한다.

음료는 사람이 마실 수 있도록 만든 액체를 말하며 깨끗한 자연환경 속에서 손쉽게 구할 수 있는 좋은 물을 가장 원초적인 음료로 여겨왔다.

음료에는 물 외에 알코올이 들어 있지 않은 녹차 등의 차류와 커피, 청량음료, 과일 음료 등이 있으며 알코올이 함유된 전통주, 맥주, 와인 등이 있다.

옛날 사람들은 물을 마시며 갈증을 해소하였으나 산업화에 따른 공해와 오염으로 인하여 깨끗한 물을 마실 수 없게 되면서 현대 문명의 혜택으로 다양한 음료가 개발되었다.

최근 소비자들은 맛과 건강을 고려하여 몸에 좋은 성분으로 만든 음식을 즐기고 좋아하는 웰빙 트렌드가 확산되면서 음료는 일상생활에서 중요한 기호식품으로 자리 잡게 되었다.

1. 와인

1) 와인의 기원

와인은 포도 과즙을 발효시킨 것으로 과일주 중에서 가장 대표적인 것이다.

인류가 최초로 포도를 활용한 시기는 3~4만 년 전으로 추정하고 있다. 크로마뇽인들이 라스코(Lascaux) 동굴 벽화에 그린 포도 그림을 통해 초기에는 건포도 형태로 먹다가 다음에는 음료 형태로, 그리고 추후에는 껍질이 이스트(Yeast)에 의해 발효된 형태로 먹었을 것으로 추측하고 있다. 또한, 고고학자들은 포도씨가 모여 있는 유물을 통해 BC 9000년 경, 신석기 시대부터 포도를 사용한 인류 최초의 술을 먹기 시작했을 것으로 보고 있다.

인류는 자신들이 숭배하는 신에게 와인을 바쳤으며, 의식, 축제, 상거래 등에서 중요한 매체로 활용되었다. 이집트인들은 오시리스(Osiris) 신에게, 그리스인들은 술의 신인 디오니소스(Dionysus)에게 감사의 뜻으로 와인을 바쳤으며, 성경에도 대홍수가 끝나고 노아가 포도나무를 심고 와인을 만들었다는 내용이 있다.

2) 와인의 역사

와인은 이집트와 메소포타미아 지역에서 발전하기 시작한 것으로 볼 수 있다. 고고학적 증거로는 BC 8000년경, 메소포타미아 유역의 그루지아(Georgia)에서 압착기가 발견되었고, BC 7500년경, 이집트와 메소포타미아에서는 와인 저장실, 기원전 5000년경, 페르시아에서는 단지에서 포도즙과 송진이 검출되었다. 또한, BC 4000~3500년에는 와인을 담은 항아리와 BC 3500년경에 사용된 것으로 보이는 이집트의 포도 재배, 와인 제조법이 새겨진 유물 등이 발견되었다.

와인에 관련된 최초의 기술은 BC 2000년 바빌론의 함무라비 법전에 와인 상거래에 관한 내용이 있다.

그루지야, 페르시아에서 탄생한 와인은 점차 중동의 다른 지역으로 확산되었다. 포도 농사는 소아시아를 거쳐 이집트까지 전파되었고, 이후 포도나무와 와인은 크레타섬을 거쳐 그리스에 소개되었으며, 이탈리아 남부와 리비아로 확산되었다. 포도 경작은 그리스인들에 의해 발전되었고 로마 시대에 이르러 더욱 부흥기를 맞았다. 로마가 식민지로 지배했던 유럽 전역, 영국 일부, 지중해 연안의 아프리카는 로마 군인들에게 와인이 필요하였고, 이를 위하여 프랑스의 마르세이유, 보르도, 부르고뉴, 독일의 라인강 유역에 포도밭을 구축하였으며, 포도 재배와 와인 제조 기술이 유럽 각지로 전파되었다. 로마제국의 멸망 후, 중세시대에 이르러 와인 기술은 수도원을 중심으로 보급되었으며, 특히 기독교의 전파와 함께 종교용과 의료용으로 와인을 공급하던 것이 점차 프랑스와 이탈리아, 독일 등으로 퍼져 나갔다.

중세 유럽이 붕괴되면서 16세기 이후에는 유럽인들이 아메리카, 호주, 남아프리카 등 세계 각지로 진출하면서 포도 재배와 와인 생산 역시 세계 각지로 확대되었다. 그 후 19C 말부터 신세계 와인(미국, 칠레, 호주, 뉴질랜드)의 눈부신 활약을 바탕으로 와인 산업이 발달되었고 생산량도 증가하였다.

3) 와인의 종류 및 구분

와인을 색상과 용도, 알코올 도수, 거품 유무, 향신료 첨가 등에 따라 구분할 수 있다.

(1) 색상에 의한 구분

화이트 와인, 레드 와인, 로제 와인(분홍색 포도주)

(2) 용도별 구분

식전 와인(아페리티프 와인), 테이블 와인, 디저트 와인(식후 와인)

(3) 알코올 도수에 따른 구분

일반 와인(8~13.5도)

강화 와인(18~20도: 와인에 높은 알코올의 와인 첨가)

(4) 거품 유무에 따른 구분

일반 와인: 따를 때 거품이 안 남.

발포성 와인: 따를 때도 거품이 나며, 따른 후에도 계속 기포가 올라옴.

(5) 향신료 첨가에 따른 구분

베르무트, 샹그리아, 와인쿨러

(6) 맛에 따른 구분

스위트 와인(단맛), 드라이 와인(쓴맛)

미디엄 드라이(약간 단맛)

4) 와인의 제조 방법

와인은 포도의 종류에 따라 적포도주와 백포도주로 구분한다.

(1) 적포도주의 제조 방법

적포도주는 흑포도를 과피(果皮)와 함께 짓이겨 양조한 것으로 포도의 껍질에 붙어 있는 야생 효모가 과즙 중의 당분을 발효시켜 알코올 성분을 만들고 특별한 방향을 가지게 한다. 적포도주는 적포도를 압쇄한 채로 담가 껍질과 함께 발효시키며, 포도의 붉은 색소를 녹여 내어 와인에 특유한 색을 띠게 한다. 또한, 적포도주는 양조 중에 과피로부터 타닌산 등의 성분도 침출되므로 색과 맛이 백포도주와는 다르다.

제조 공정: 원료 → 꼭지 따기 → 파쇄 → 과즙의 조정 → 주발효(효모) → 짜기 → 즙액 → 후발효 → 앙금 빼기 → 저장 → 적포도주

(2) 백포도주의 제조 방법

백포도주는 청포도를 짜서 과즙만을 발효시킨 것이다.

흑포도로 백포도주를 만들 수도 있으나, 대부분의 경우 백포도주에는 청포도가 쓰인다.

제조 공정: 원료 → 꼭지 따기 → 파쇄 → 짜기(껍질) → 과즙 만들기 → 과즙의 조정 → 주발효(효모) → 후발효 → 앙금 빼기 → 저장 → 백포도주

(3) 분홍색 포도주의 제조 방법

최근에는 적색과 백색의 중간색인 뱅 로제(Vin Rosé, 로제 와인)라는 분홍색 포도주도 제조되고 있다.

제조 공정: 원료 → 꼭지 따기 → 파쇄 → 과즙의 조정 → 주발효(효모) → 짜기(발효 도중에 짜고, 과피와 씨 제거하기) → 즙액 → 후발효 → 앙금 빼기 → 저장 → 분홍색 포도주

5) 와인의 산지 및 특성

프랑스 와인의 이름은 대부분 산지의 이름을 사용하며, 특히 유명한 지역은 보르도와 부르고뉴이다.

(1) 보르도(Bordeaux)

보르도의 와인은 세련된 향기와 풍미, 격조 높은 색조로 전 세계적으로 유명

하며 레드 와인과 화이트 와인이 8 : 2의 비율로 생산되고 있다. 프랑스 서남쪽에 자리 잡은 보르도의 유명한 와인 산지는 메도크(Médoc)이며 향기가 좋고, 단맛이 거의 없는 풍미가 좋은 레드 와인을 생산한다. 또한, 생떼밀리옹(St.Emillion)과 뽀므롤(Pomerol)에서도 풍미가 짙고 뒷맛이 담백하며 메도크보다 조금 부드러운 레드 와인이 생산되고 있다. 이외에도 소떼르느(Sauternes)와 바작(Barsac)에서는 프랑스 최고의 달콤한 화이트 와인을 생산하고 있으며, 그라브(Graves)에서는 드라이한 화이트 와인이 생산되고 있다.

(2) 부르고뉴(Gourgogne)

프랑스 중서부의 와인 생산 지역이며 '버건디(Burgundy)'로도 잘 알려져 있다. 부르고뉴 와인은 보르도의 것보다 알코올 도수가 약간 높고 강한 맛을 낸다. 부르고뉴 지방은 레드 와인을 생산하는 '꼬뜨 드 뉘' 지역과 화이트 와인과 레드 와인을 생산하는 '꼬뜨 드 본느' 지역으로 나뉜다. '보졸레'에서는 신선하고 상쾌한 레드 와인, '샤블리'에서는 매우 섬세한 맛을 가진 드라이한 화이트 와인이 생산되고 있다.

(3) 그 밖에 유명한 와인 산지

꼬뜨 뒤 론느(Côte du Rhône)는 맛이 강한 레드 와인의 산지로 '샤또 뉘프 뒤 빠쁘'가 유명하다. 프랑스 북서부 르와르강 지역에서는 값싸고 좋은 화이트 와인이 생산되고 있으며, 비교적 알코올 함량이 낮고 우아한 향미를 가진다. 특히 상쾌하고 드라이한 화이트 와인인 '뮈스까데', 달콤한 로제 와인인 '앙주'가 유명하다. 독일 국경에 인접한 '알사스'에서는 톡 쏘는 맛이 강하고 드라이한 화이트 와인이 생산되고 있다. '샹빠뉴' 지역은 최고의 스파클링 와인과 샴페인을 생산하고 있다.

6) 와인의 품질

(1) 빈티지 차트 활용

Vintage라는 것은 포도를 수확한 해를 말하며, 와인은 같은 회사의 제품이라 할지라도 수확한 포도가 우수한 해와 그렇지 않은 해에 제조한 것은 가격에서 큰 차이를 나타낸다. 따라서 와인 구매 시, 판매상에서 이것을 확인하는 것이 중요하다.

(2) 와인의 상표

와인을 마트에서 구매하거나 레스토랑 등에서 선택 시, 다음과 같이 상표에 표기된 것을 확인하고 주문하는 것이 좋다. 이 상표에는 와인이 태어난 지역부터 등급까지 많은 정보를 포함하고 있다.

① 포도를 수확한 년도

② 포도의 품종(신대륙 와인들은 대부분 포도의 품종을 상표에 기재한 것이 고급 와인이나 유럽 와인은 등급별로 표기가 달라서 품종을 기재하지 않는 경우가 많다. 요즈음에는 판매를 돕기 위해 품종을 표기하는 경향이 있다.)

③ 포도 재배 지역

④ 제품명

⑤ 와인의 등급

⑥ 와인을 생산한 회사명

[그림 8-1] 프랑스 보르도 Premieur Grand Cru 샤또 라뚜르 상표

[그림 8-2] 고가로 판매되는 프랑스 브르고뉴의 로마네꽁띠 상표

[그림 8-3] 이탈리아 끼앙띠 지방의 '베라차노' 와인의 상표

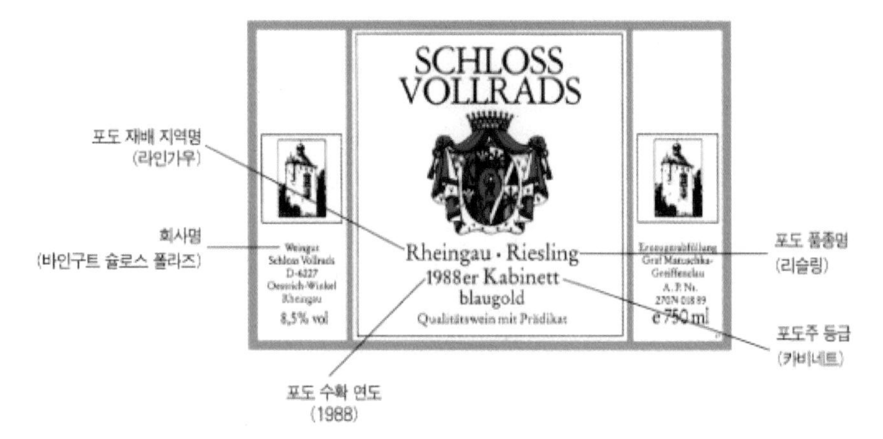

[그림 8-4] 독일 와인의 상표

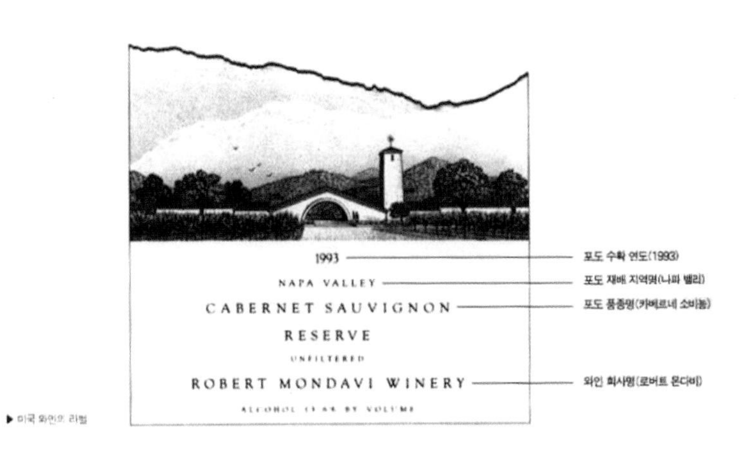

[그림 8-5] 미국 와인의 상표

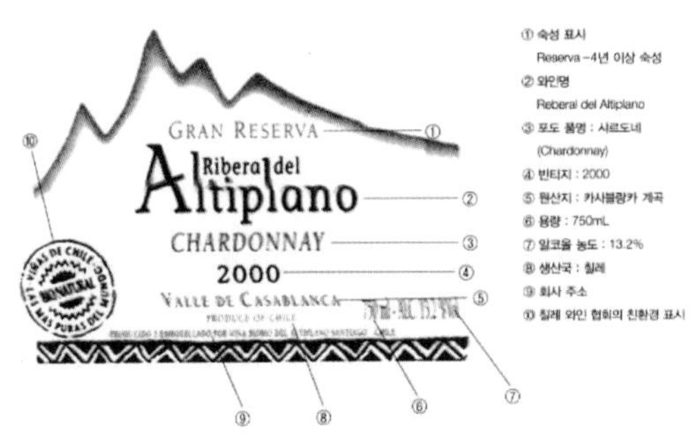

[그림 8-6] 칠레 와인의 상표

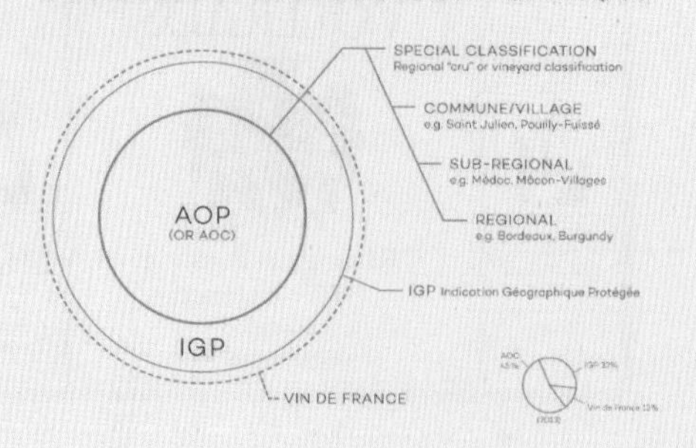

프랑스의 와인 등급 중 최고 등급인 AOP(Appelation d'Origin Protegee)는 1936년 INAO에 있었던 Baron Pierre Le Roy가 개발을 한 것이다. 특별한 관리 지역(보르도 같은 큰 지역)을 다시 특정 지역으로 나누고(보르도 내 Listrac Medoc)으로 분류한 후 각 지역의 포도 품종과 재배 조건, 최소 생산량 등을 정한 규정이다. 프랑스의 와인 등급은 아래와 같이 3개의 등급으로 나누어진다.

1. AOP 또는 PDO라 부른다 (Protected Designation of Origin)
2. IGP (Indication Geographique Protegee):지리학상 표시 지역
   IGP는 lager Area로 AOP보다 덜 규제를 받는 지역이다.
   상표에 IGP Zone과 포도 품종을 기재한다.
   VdP는 IGP의 pre-EU 버전으로 영어로는 PGI(Protected Geographical Indication)로 표기한다.
3. Vin de France:
   가장 기본적인 품질로 지역, 품종과 관계없이 blend 된다.

자료: http://www.brewingtech.co.kr 조봉근

7) 와인의 맛

(1) 관능검사 방법

와인의 맛은 우리 몸의 눈(시각), 코(후각), 입(미각), 목 등의 감각기관을 이용하여 확인할 수 있다.

① 눈으로 색상을 확인하고, 색의 농담 등으로 어린 것인지 오래된 것인지를 구분하며, 빛나는 광택과 맑기를 통하여 와인의 건강도를 측정할 수 있다. 또한, 와

인의 눈물을 확인함으로써 알코올의 농도를 알 수 있다.

② 후각기관을 통하여 향을 느낀다. 와인의 향은 다양하며 여러 향이 혼합되어 복잡하게 나타나기도 한다. 와인의 향은 크게 아로마와 부케로 구분한다. 아로마 향은 원료인 포도에서 나는 1차 향과 발효 과정 중 효모대사로 일어나는 2차 향으로 구분된다. 물론 이 향들은 화이트 와인과 레드 와인의 품종, 지역에 따라 달리 형성되어 나타난다. 너무 오래 저장하면 이 향들은 없어진다. 부케 향은 발효가 끝난 와인의 저장(후발효 또는 숙성 과정이라 부름) 기간 중에 나타나는 향으로 스테인리스 탱크와 오크통 등 저장 용기에 따라 다르게 나타난다. 스테인리스 탱크 저장으로 생성된 향은 발효 향이 많이 감소된 형태로 나타나며, 오크통 숙성 와인은 오크통에서 우러나온 타닌과 오크통 버닝 시 생긴 향이 우러나와 오크 향과 스모크한 향, 초콜릿과 바닐라, 시가 향 등이 나타난다. 또한, 오크통을 몇 회사용하였는가에 따라 나타나는 향도 다르다. 와인은 한 종류의 향만을 가지고 있지 않으므로 향의 인지는 많은 훈련을 필요로 한다.

③ 미각에 의한 맛은 크게 단맛, 신맛, 쓴맛, 짠맛 등으로 구분되나 와인은 짠맛이 나지 않으므로 단맛, 신맛, 쓴맛만을 구분하면 된다. 먼저 단맛은 혀의 앞부분에서 느끼기 때문에 대부분의 디저트 와인 잔은 단맛을 느끼도록 하기 위해 잔 구를 좁게 만들어 단맛을 잘 느끼도록 디자인되어 있다. 신맛은 혀의 중간 좌, 우측 부분에서 느낄 수 있다. 따라서 와인 테스팅 시 와인을 입안에서 돌려 골고루 혀의 미각 돌기에 접촉하도록 해야 한다. 화이트 와인의 경우는 신맛과 단맛이 와인의 골격을 유지하므로 와인의 신맛을 나타내는 산도가 중요하다. 쓴맛은 목구멍의 혀뿌리 부분에서 감지하기 때문에 단맛, 신맛을 거친 후에 느낄 수 있으며, 레드 와인에서는 대단히 중요한 역할을 하고 있다. 쓴맛은 포도와 오크 숙성 시, 오크통에서 온다. 쓴맛은 매운맛과 혼돈하여 사용하는 경우가 있는데 맛의 분류에서 매운맛은 사용하지 않는다. 종합적으로 와인의 맛과 향은 마신 후 미각기관을 통해 내뿜는 여운에 의해 나타나며 이 여운이 지속될수록 좋은 와인이라 평할 수 있다.

(2) 시음 방법

① Swirling

② Vision(color, viscosity, luminance)

③ Nasal

④ Mouth

⑤ Tongue

⑥ After tasting, Nasal

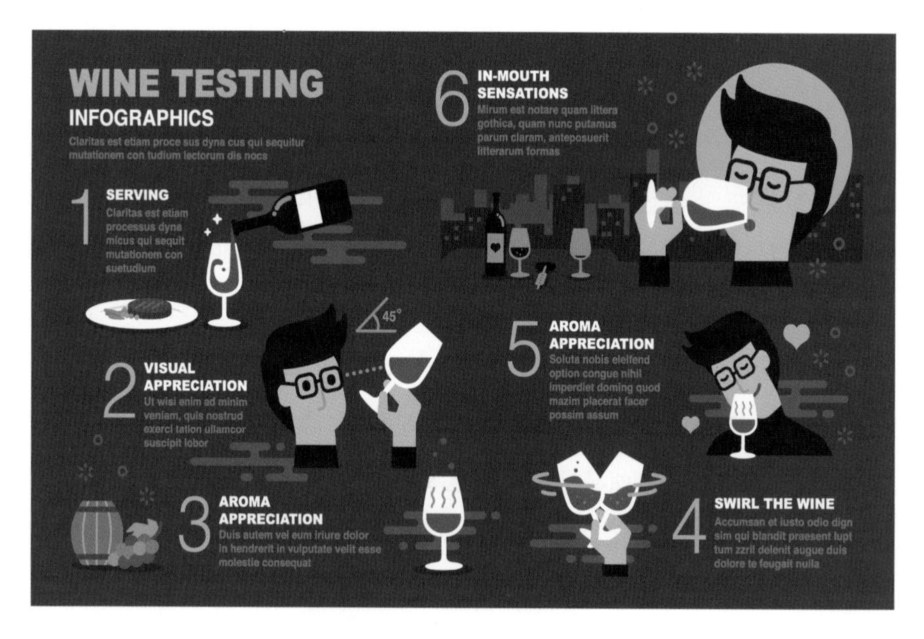

[그림 8-7] 와인의 시음 방법

8) 와인의 보관 방법

와인은 타 주류와 달리 오래 보관하면 할수록 와인의 맛과 향이 좋아지는 것으로 믿어 왔으나, 실제로는 좋은 것이 있고, 오래되면 제품의 수명을 다하는 것이 있다. 이는 포도의 품종과 포도가 생산된 지역과 깊은 관련이 있으며, 저가의 테이블 와인의 경우는 맛과 향이 3년 정도 되면 최고 정점에 달하고, 그다음부터는 급감하므로 장기 보관을 피해야 한다. 반면에 그랑크뤼 등의 고급 와인은 10년이 지나야 본연의 향과 맛을 서서히 나타내기 시작하므로 장기간 보관할수록 맛과 향이 좋아진다.

(1) 와인의 보관 조건

① 햇빛이 비치지 않는 어둡고 습기(70~80%) 찬 곳

② 연중 온도가 12~14℃ 이내로 변화가 적은 곳(지하실이나 동굴 등)

③ 코르크가 와인에 젖도록 눕혀서 보관(요즘은 와인 셀러에 보관)

9) 와인 테이스팅(tasting)

(1) 와인의 시음 온도

와인은 적정한 시음 온도를 맞추고 마셔야 와인이 가지고 있는 단맛, 신맛, 쓴맛을 즐길 수 있으므로 서빙 전에 적정 온도를 맞추도록 한다.

① 드라이 화이트 와인, 로제, 클레레: 8~11℃

② 레드 와인: 15~18℃

③ 스위트 화이트 와인: 9~12℃

④ 샴페인: 6~8℃

(2) 와인의 서빙 방법

와인의 서빙 방법은 스틸 와인과 스파클링 와인으로 구분된다.

① 스틸 와인의 서빙 방법

요즈음에는 많은 종류의 코르크 오프너가 있지만, 숙달되면 가장 편하고 쉬운 방법은 소믈리에 코르크 스크류를 이용하는 것이다. 코르크 스크류는 병을 지지하는 부분이 하나로 되어 있는 1단형과 지지대가 두 개로 분리되어 구부러지는 2단형이 있다. 2단형이 코르크를 오픈하기에 가장 좋다.

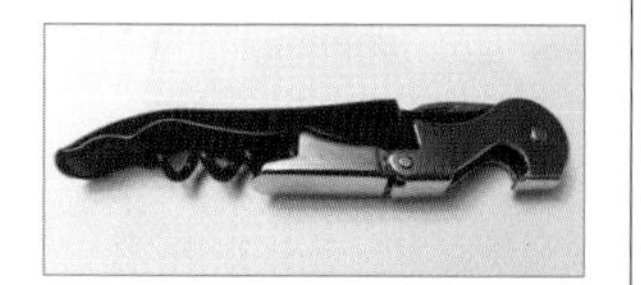 Sommelier Screw 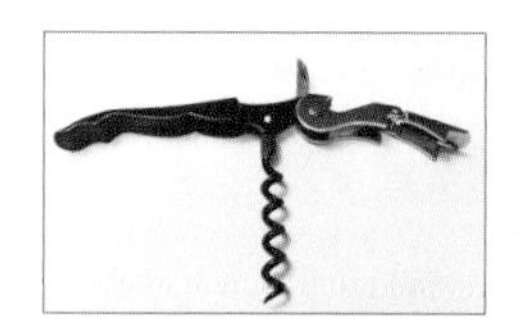 소믈리에 스크류를 폈을 때	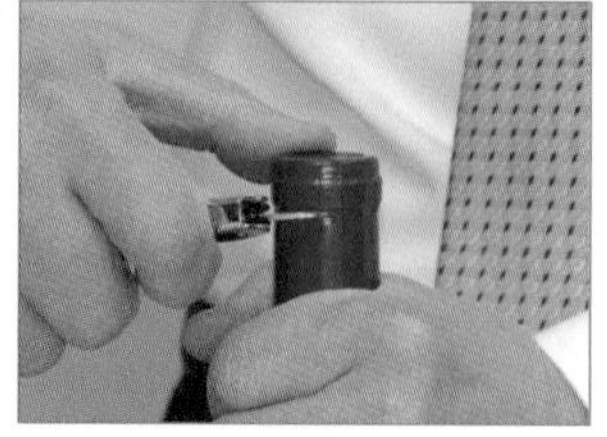	
단용 Sommelier Screw	Step 1(Foil 벗기기): 칼을 펴서 좌측 손으로 병을 꽉 잡고, 좌측 끝에서부터 우측으로 흠집을 내어 긋는다.	Step 2(Foil 벗기기) : 뒤까지 계속 긋는다.
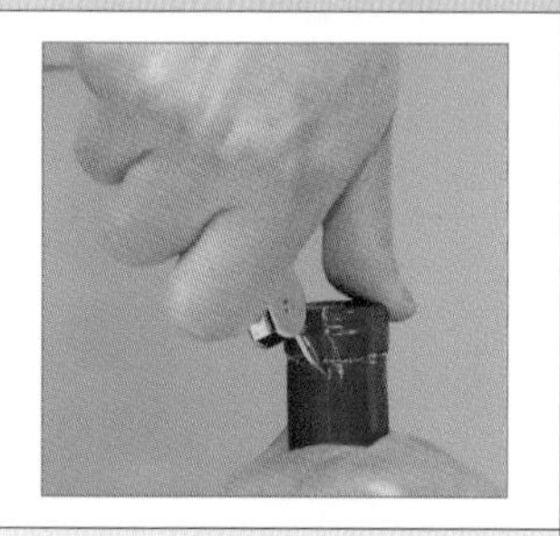	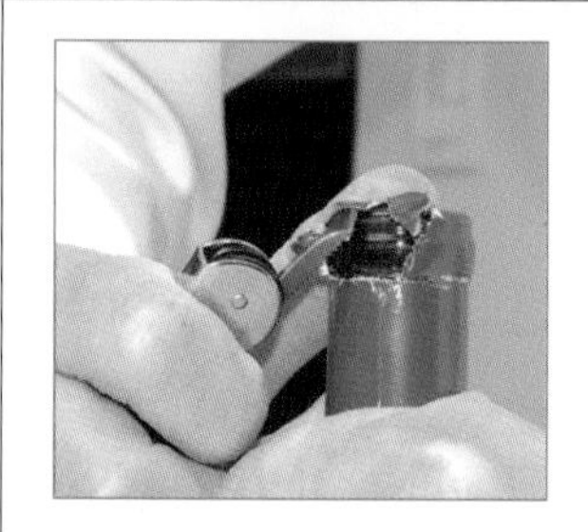	
Step 3 : 좌우로 칼집을 낸 후 칼끝으로 밑에서 위로 흠집을 낸다.	Step 4 : 칼로 호일을 벗긴다.	Step 5 : 스크류를 펴서 코르크 중심에 대고 누른다.
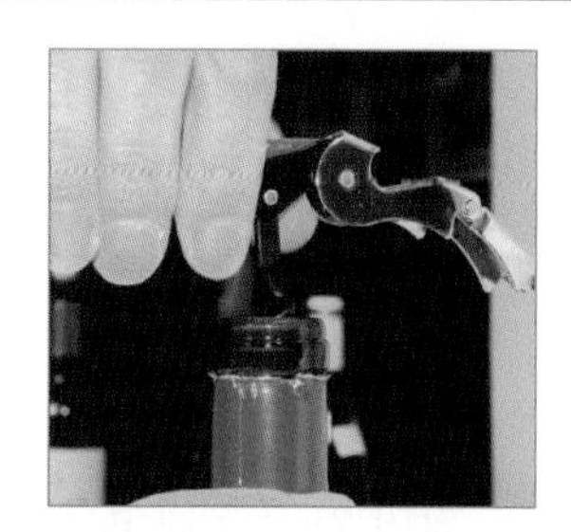	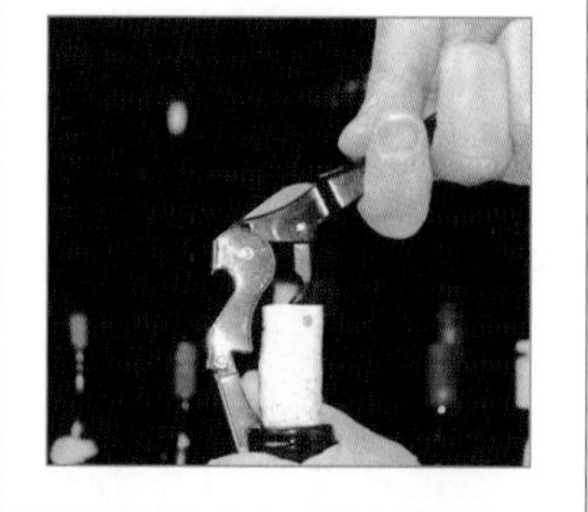	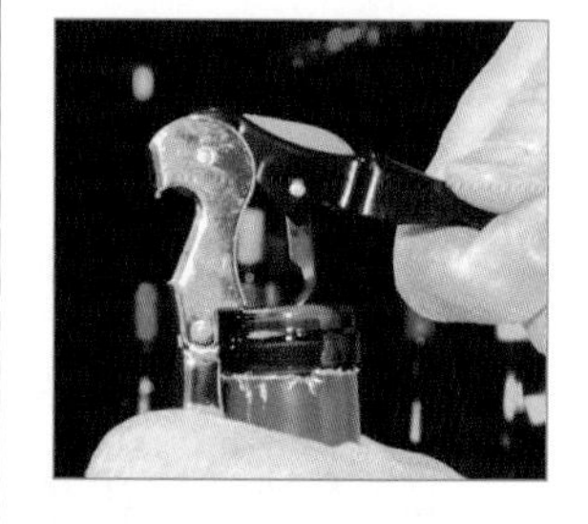
Step 6 : 스크류를 돌려 넣는다.	Step 7 : 1단을 병 끝에 대고 손잡이를 위로 들어 코르크를 빼낸다.	Step 8 : 2단을 걸어 나머지 부분을 뽑는다.

		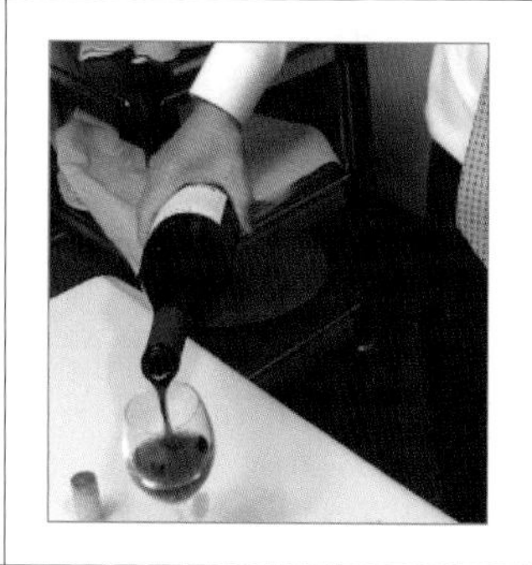
Step 9 : 코르크를 뺀 후 병구 주위의 이물질을 닦는다.	Step 10 : 코르크의 이상 유무 확인 및 냄새를 맡는다.	Step 11 : 소량의 와인을 테이스팅 손님께 따라 승인받은 후, 나머지 분들께 서빙한다.

자료: http://www.brewingtech.co.kr 조봉근

[그림 8-8] Sommelier Screw를 이용한 와인 코르크 따기 및 서빙 방법

② 스파클링 와인의 서빙 방법

스파클링 와인은 병내 압력이 있으므로 조심해서 다뤄야 하며, 온도를 맞춘 후 서빙할 때까지 절대로 병을 흔들면 안 된다. 또한, 와인의 병구를 사람 쪽으로 향하게 하지 않는다.

• 스파클링 와인 코르크 따기 및 서빙

- 캡슐 부분을 손으로 제거한 다음, 와이어 후드 철사를 반대로 돌려서 푼다.
- 왼손으로 코르크 마개를 누르고, 오른손으로 병 하단을 잡아 서서히 돌리면 마개가 조금씩 빠져나온다.
- 코르크가 병구까지 올라온 후, 왼손으로 압력을 조금씩 빼주면 큰 소리도 나지 않고 코르크가 잘 빠지며 술도 넘치지 않는다.

10) 와인 매너

(1) 와인잔 잡기와 받기

와인은 서빙도 중요하지만 와인잔 잡기와 받기도 중요한 매너이다. 와인잔을 잡는 것만 봐도 그 사람이 와인에 대해 얼마나 알고 있는가를 가늠할 수 있다. 와인은 시음 온도가 중요하므로 손의 온도가 와인의 온도에 영향을 주지 않도록 하기 위하여 스템이라고 불리는 와인잔의 중앙을 잡도록 하며, 받을 때는 특별한 경우(가족, 직장, 사회의 어른)가 아니라면 잔에 손을 대지 않는다. 받은 후에는 잔을 돌려서(swirling) 향이 우러나오도록 한다. 향긋한 냄새를 지닌 아로마는 잔의 중앙 부위 가장 넓은 곳에 위치해 있다.

[그림 8-9] 와인잔의 명칭

(2) 디캔팅과 브리딩

장기 보관된 와인은 병 바닥 부위에 침전물이 생긴다. 이 부분을 맑은 부분의 와인과 섞이지 않도록 디캔터라는 용기를 이용하여 와인을 따르는 방법을 디캔팅이라고 한다. 어린 와인일 경우에는 아직 맛과 향이 닫혀 있어 공기와 접촉시켜 부드럽게 하기 위한 방법으로 디캔팅과 같은 방법으로 따르는데 이를 브리딩이라고 한다.

(3) 레스토랑에서 와인 주문하기

레스토랑에서 와인을 주문할 때에는 다음의 3가지 사항을 확인해야 한다.

① 주문한 와인인지 반드시 확인한다.

일반적으로 소믈리에가 와인을 서빙하기 때문에 손님이 주문한 와인명, 빈티지, 품종 등을 확인시킨다. 그러나 같은 회사의 제품이라 할지라도 병 모양이나 디자인이 비슷하므로 꼼꼼히 확인하도록 한다. 만일 오래된 좋은 와인을 주문하였다면 병의 용량, 수입자 스티커, 코르크 상태, 온도 등을 확인한다. 정상적으로 잘 보관된 와인 병은 실온의 병보다도 좀 낮기 때문에 만져봄으로써 확인이 가능하다.

② 코르크의 확인

보통은 코르크를 딴 후, 옆에 있는 접시나 냅킨 등에 올려놓는데, 와인의 상표와 동일한 제조회사의 것인지, 곰팡이 등이 있는지, 깨지거나 갈라지지 않았는지, 와인이 흐른 자국은 없는지 등을 확인한다.

③ 와인 샘플의 승인

상기 1, 2번을 확인한 후 이상이 없으면 샘플 와인을 마셔 보고 이상 유·무를 확인한 후, 맛에 이상이 없으면 다른 사람에게도 따르라는 승인을 한다.

11) 와인과 음식

와인은 다음과 같은 기본 룰에 따라 음식을 선택하는 것이 바람직하다.

(1) 와인과 음식의 선택 방법

① 그 지방의 음식과 그 지방에서 생산된 와인의 선택

와인이 생산된 지역의 요리와 가장 잘 어울린다는 이론은 항상 옳은 것은 아니지만 가장 기본적인 매칭이다. 이탈리아 와인은 이탈리아 요리와 잘 맞으며, 미국에서 생산된 와인은 그 지역의 요리와 잘 어울린다는 의미인데, 우리나라와 같이 와인을 대부분 수입하는 경우에는 반드시 그렇지 않다.

② 음식과 와인 품질의 비슷한 선택

고급 요리에는 격이 높은 와인을 선택하는 것처럼 다음과 같은 방법이 있다.

- 미네랄 성분의 화이트 와인(샤르도네)과 꼬끼야주 요리(조개류)
- 알코올이 높은 화이트 와인과 소스를 많이 넣은 생선 요리
- 음식 가격과 상응하는 와인 가격
- 가벼운 음식에 가벼운 와인, 무거운 요리에는 무거운 와인
- 요리에 사용된 와인과 같은 와인

(2) 맛에 따른 와인 선택 방법

① 신맛과 신맛

만약 와인이 음식보다 덜 시다고 하면, 와인의 맛은 flat하게 느껴질 것이며, 부조화를 느낄 것이다. 식초로 만든 샐러드와 더운 지방에서 오크 숙성된 샤르도네의 경우, 언밸런스를 느낄 수 있다. 따라서 음식과 와인 사이의 신맛 밸런스를 생각해야 한다.

② 단맛과 짠맛

리슬링(Riesling)과 아시안 볶음밥은 잘 어울리며 짠 음식과 단맛이 나는 와인은 잘 어울린다.

③ 쓴맛과 쓴맛

쓴맛과 쓴맛은 안 어울린다. 레드 와인과 초콜릿은 안 어울린다. 우리는 혀의 중앙에서 Fat한 것을 느끼기 때문에 쓴맛을 완화시킬 수 있다.

④ 쓴맛과 Fat

쓴맛의 레드 와인과 스테이크 요리는 잘 어울린다. 쓴맛은 고기의 느끼함을 제거해 준다.

⑤ 신맛과 Fat

강한 신맛은 기름진 음식에 향을 북돋아 주며 버터 소스의 화이트 와인은 요리에 활력을 불어넣는다. 샴페인과 치즈 케이크도 와인과 음식의 효과를 높여 줄 수 있다.

⑥ 알코올과 Fat

높은 알코올의 와인은 음식을 천천히 먹게 만든다. 예를 들면 17% Zinfande와 pepper steak(구운 쇠고기 요리)가 있다.

(3) 와인을 마시는 순서

와인의 맛을 효과적으로 음미하기 위한 순서는 다음과 같다.

① 가벼운 와인 → 무거운 와인

② 화이트 와인 → 레드 와인

③ Dry 와인 → Sweet 와인

④ 저급 와인 → 고급 와인

⑤ 어린 와인 → 숙성된 와인

2. 전통주

1) 술의 기원

술의 역사는 곧 인류의 역사라고 할 만큼 인류의 시작과 함께 오랜 전통을 지녔다. 술은 과일에 함유되어 있는 당분과 자연에 존재하는 효모가 자연 발효되었다고 전해지며, 수렵 시대에는 과실을 이용한 과일주, 유목 시대는 가축의 젖을 이용한 유주, 농경 시대에는 곡물을 이용한 곡주가 전래되었다.

2) 전통주의 역사

(1) 전통주의 기원

우리 술에 대한 명확한 기원은 밝혀져 있지 않으나 자연적으로 발생하여 농경 생활에서 본격화되었다는 설이 있다.

중국 삼국지 《위지동이전》에는 영고(부여), 동맹(고구려) 무천의 제천의식에서 술을 마시며 춤추었다고 기록되어 있다.

우리 문헌인 《제왕운기》에는 동명성왕의 탄생과 관련해 술 이야기가 처음으로 등장하였는데 '천제(天帝)의 아들 해모수는 하백의 세 여식이 청하(지금의 압록강)의 웅심연에서 더위를 피하는 것을 보고 반해 새 궁전을 짓고 세 처녀를 초대해 술을 대접했다. 그중에 유화와 정이 들어 후에 주몽을 낳았고, 이 분이 후일 고구려를 세운 동명성왕'이라는 설화가 기록되어 있다.

(2) 전통주의 어원

술의 우리말 어원은 정확히 알려져 있지 않지만, 곡식과 누룩을 넣어 두면 열을 가하지 않아도 발효 과정에서 부글부글 끓어 이를 보고 "물에 불이 붙는다"라고 표현하였다. 따라서 원래는 '물불'이지만 한자로 물이 수(水)이므로 수불 → 수울 → 수을 → 술의 과정을 거치게 되었고, 술의 주(酒)는 술을 담는 뾰족한 항아리 모양에서 유래하게 되었다.

(3) 전통주와 문화

술은 민족의 역사와 생활양식, 그 지역의 기후 등을 반영하고 있는 문화 집합체이다. 민족의 생활양식은 술의 종류와 문화를 형성하며, 그 지역의 기후와 농산물의 종류 등은 술의 종류와 산업에 영향을 준다.

다양한 식문화를 지닌 나라는 다양한 술과 문화가 함께 발달한다. 술은 인간에게 심신의 안정을 주고, 사회적 관계를 원활하게 하는 매개체로 모든 문화권에서 함께 해온 인류 보편의 문화이다.

3) 전통주의 변천 과정

(1) 삼국 시대: 전통주의 태동기

① 고구려

곡물을 사용해서 술을 빚는 방법이 완성되어 주변국으로 전파되었다. (곡아주/穀芽酒-명주 탄생, 제민요술)

② 백제

일본에 술을 전파하였다.

③ 신라

다양한 양조 곡주를 개발하여 청주로 음용하였다.

(2) 고려 시대: 전통주의 발전기

① 탁주, 청주, 소주의 기본 형태가 완성되었다.

② 양조 기술의 발달로 다양한 명주가 등장(녹파주, 황금주 등)하였다.

③ 해동통보(화폐)의 등장에 따라 주점이 발달하게 되었다.

④ 활발한 대외 교역의 증가로 외래주의 도입이 본격화되었다.

⑤ 원나라 때 증류식 소주가 전래되었다.

(3) 조선 시대: 전통주의 최고 전성기

① 멥쌀 위주에서 찹쌀로 원료가 고급화되었다.

② 가문마다 집에서 빚은 가양주(家釀酒)가 발달하였다.

③ 지역마다 다양한 원료와 양조법을 활용한 지역별 명주가 만들어졌다.

④ 발효주(탁주, 청주, 소주) 외에 혼양주(발효주 + 증류주)가 등장하였다.

(4) 일제강점기, 한국전쟁 이후: 전통주의 쇠퇴와 정체기

① 1916년 주세법이 시행되면서 단속이 강화되었다.

② 양조장 통폐합을 통한 대형화로 안정적인 주세의 징수 체계가 구축되었다.

③ 술의 자가 제조를 금지하였다.

④ 한국전쟁 이후 식량과 원료 농산물의 부족으로 주류 생산이 제한되었다.

⑤ 1965년 양곡 관리법으로 술 제조 시, 쌀 사용이 금지되었다.

⑥ 증류식 소주의 제조가 금지되었다.

⑦ 원료로 밀가루 사용, 희석식 소주 제조로 술의 품질이 저하되었다.

4) 전통주의 제조

(1) 술(酒)의 정의

술은 알코올 성분이 1% 이상 들어 있는 모든 기호 음료를 총칭하며, 마시면 취하게 하는 기능이 있는 발효식품이다.

(2) 전통주의 분류

① 양조주: 곡식이나 과일을 발효시켜 빚은 술

② 증류주: 양조주를 증류하여 만든 도수가 높은 술

③ 혼성주(기타 주류): 양조주와 증류주를 혼합, 증류주에 과일, 약재 등을 첨가한 술

(3) 전통주의 특징

① 술 빚는 방법이 다양하다.

② 계절마다 술을 다르게 빚었다.

③ 약주를 빚어 술도 즐기고, 건강도 도모했다.

④ 술(酒)의 재료(꽃, 과일, 약재)가 다양하다.

(4) 전통주 빚기의 기본: 육재(六材)

① 원료 선택

술 빚을 쌀은 반드시 잘 익은 것을 선택한다. 술의 주원료는 멥쌀, 찹쌀, 수수, 보리, 조, 고구마, 감자 등 전분을 함유한 모든 곡물 및 서류가 사용되며, 꽃, 과일, 약재 등도 이용한다.

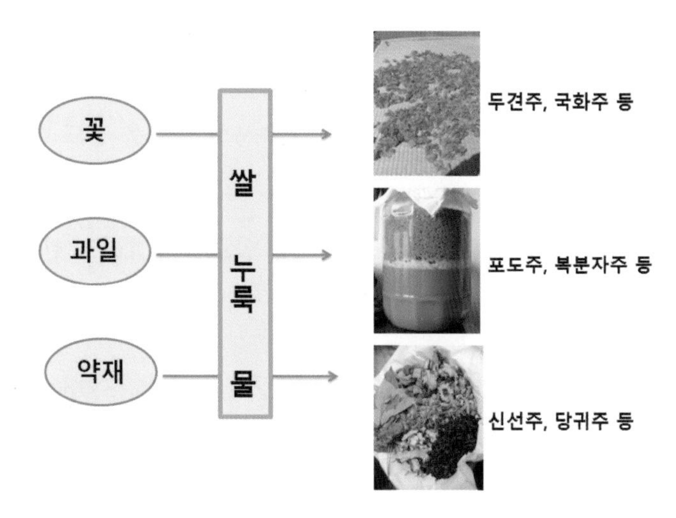

[그림 8-10] 술의 원료

② 누룩(발효제)

누룩은 시기를 잘 맞춰 띄워야 한다. 누룩 만들 때 사용하는 곡물은 밀, 쌀, 보리, 녹두 등이 사용된다.

③ 물(양조 용수)

양조 용수는 좋은 샘물을 골라야 한다. 음용할 수 있는 물은 모두 사용이 가능하다. (지장수, 약재 달인 물, 과일즙 등)

철분, 염분을 함유한 물은 제외하여야 하며, 깨끗한 물을 반드시 끓여서 식힌 후에 사용한다.

④ 좋은 그릇

옹기 항아리, 유리, 스테인리스, 발효통 등이 사용 가능하며, 소독한 후에 사용한다.

⑤ 발효 온도

술이 잘 발효되도록 20~25℃ 정도의 일정한 온도에서 보관한다(이불 보쌈).

⑥ 빚는 이의 정성

술 빚기 전에 목욕을 하며, 몸이 좋지 않으면 술을 빚지 않는다.

옛 문헌에는 술을 빚는 날도 정해져 있었다.

(5) 전통주의 제조 원리

① 알코올 발효

미생물이 가진 효소로 유기물을 분해시켜 유용한 물질을 만드는 것을 발효라고 하며, 미생물이 당(포도당, 과당 등)을 분해시켜 에너지를 얻고, 부산물로 에틸알코올, 이산화탄소 등을 생성하는 과정을 알코올 발효라고 한다.

$$C_6H_{12}O_6 \xrightarrow{\text{효모(이스트, Yeast)}} 2C_6H_5OH + 2CO_2 + \text{열}$$

② 병행 복발효

미생물의 효소를 이용하고 당화와 발효가 동시에 진행되어 만들어진 술을 말하며 탁주, 청주, 약주, 사케, 소주, 고량주 등이 있다.

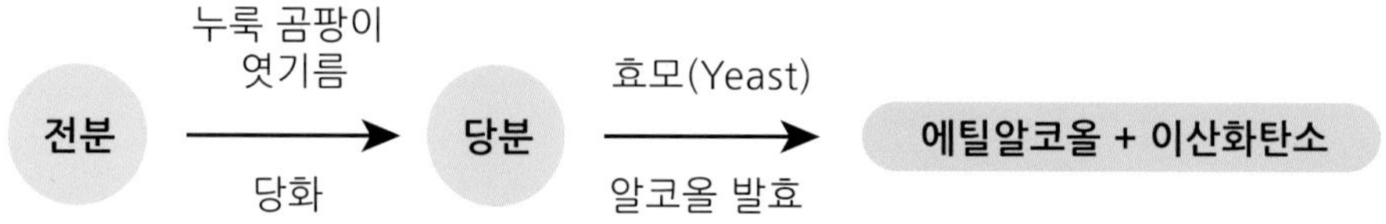

(6) 전통주의 제조 방법

① 누룩(발효제) 만들기

- 밀은 씻은 후 물기 빼기
- 밀 타개기(분쇄-맷돌, 밀이 깨질 정도)
- 반죽하기(원료 대비 물은 20~25%)(곡식 가루+물, 술, 죽, 녹두즙, 쑥즙 외 각종 약재 사용)
- 틀에 넣어 성형하기
- 누룩 띄우기(28~35℃ 약 15~20일)

(짚, 여뀌잎, 연잎, 쑥, 솔잎 등-20일 이상)

② 법제(法製)

술 빚기 2~3일 전에 빻은 누룩을 밤낮으로 햇볕과 이슬을 맞히는 것을 법제라고 하며, 산패와 잡균의 오염을 방지하고 나쁜 냄새를 제거하기 위하여 법제를 한다.

③ 고두밥 짓기

- 쌀 씻기
- 쌀 불리기
- 쌀 물기 빼기
- 고두밥 찌기
- 고두밥 식히기

④ 밑술(술밑) 담기

밑바탕이 되는 술을 말하며, 고두밥에 법제한 누룩과 물을 잘 섞어 준다.

• 밑술을 만드는 목적

- 안전한 발효를 위해 활성화된 다량의 우량 효모가 필요하다(효모균의 증식, 배양).
- 단계별 담금에서 왕성한 발효력을 유도한다.
- 효모의 사용량을 줄인다.
- 발효 도중에 변질을 방지한다.
- 젖산균 생성을 도모하고 잡균에 의한 오염 및 산패를 방지한다.

• 밑술의 역할

- 처음부터 많은 양의 술을 담그기에는 누룩 속의 효모수가 부족하기 쉬우며 안전 주조를 보장할 수 없으므로 먼저 효모의 집중 배양이 필요하다.
- 효모의 확대 배양: 저온(10~20℃)에서 4~7일, 고온(25~28℃)에서는 2~3일
- 효모의 발육 적온: 25~28℃(30℃ 이상 되면 효모의 노쇠 현상 발생)

⑤ 저장 용기에 담고 발효시키기

술을 담근 후에는 품온에 주의하고 품온이 너무 올라가거나 내려가지 않도록 하여야 한다. 술은 담근 후, 3~5일이 지나면 품온이 30℃ 가까이 이르렀다가, 그 후에 점차 낮아지고 10일 정도 지나면 숙성된다.

⑥ 완성된 막걸리 체에 거르기

숙성된 술은 체로 걸러 탁주로 분리하고, 남은 술찌꺼기에 물을 넣어 섞은 다음 짜면 비교적 질이 떨어지는 약주를 얻게 된다.

5) 전통주와 어울리는 음식

(1) 마늘 수삼전

수삼에는 사포닌 성분이 함유되어 있어 콜레스테롤과 활성산소를 제거하여 주며, 면역력 강화 및 성인병 예방에 효과가 있다.

마늘의 알리신 성분은 세포 활성과 혈액 순환에 도움을 주고 인슐린 분비를 촉진하여 당뇨병 예방에 효과가 있다. 또한 나트륨 배설을 촉진하여 고혈압, 동맥경화 예방에 도움을 주는 우수한 식품이다.

인삼에는 향미 성분인 파나센(panacen)이 있어 고기류, 야채류, 산채류 등의 식품 재료들과 잘 어울리며 마늘, 수삼을 이용한 마늘 수삼전은 전통주와 함께 먹으면 맛과 함께 영양 효능도 높일 수 있다.

(2) 쑥 연근전

쑥은 독특한 향기 성분인 치네올, 세스커텔펜 등의 정유 성분을 함유하고 있으며, 비타민 A, B_1, B_2, C, 철분, 칼슘, 칼륨, 인 등을 다량 함유하고 있는 알칼리성 식품이다. 또한 간 기능을 개선하고 콜레스테롤 및 체내의 노폐물을 제거해 주며 혈압을 낮춰주는 효능이 있다.

연근에는 위벽 보호 기능을 하는 뮤신이 함유되어 있으며, 필수 아미노산과 비타민 C, 아스파르트산도 풍부하여 숙취 해소와 피로 회복에 도움이 되는 식품이다. 전통주와 곁들여 먹는 쑥 연근전은 봄철에 향미와 함께 미각을 돋구어 줄 수 있다.

(3) 우엉 채소쌈

우엉에는 이눌린이라는 성분이 있어 우엉 특유의 맛을 내주며, 간의 독소를 제거하여 주고 신장 기능에 도움이 되는 식품이다. 우엉의 단백질은 필수 아미노산인 아르기닌을 함유하고 있으며, 근채류 중 가장 많은 식이 섬유를 함유하고 있어 변비를 예방해 주고 장을 자극해 노폐물을 배출시켜 준다. 또한 빈혈 예방 및 조혈 작용에 도움이 되는 철분과 소염작용, 출혈이나 통증을 멎게 해주는 탄닌 성분 등이 함유되어 있는 알카리성 식품이다. 우엉 채소쌈은 우엉이 주재료로 시용되며 각종 채소들을 채썰어 밀전병에 쌈을 싸서 먹는 것으로 채소들의 향미를 느끼며 전통주를 마실 수 있다.

(4) 콩 빈대떡

콩 빈대떡은 우리의 전통 음식인 빈대떡의 녹두 대신 흰콩을 사용하여 전을 부친 것으로 콩의 기능성이 함유된 음식이다.

콩에는 양질의 단백질, 비타민 B군, 철분 이외에 이소플라본이라고 하는 식물성 호르몬이 함유되어 있어 노화 방지 및 암 예방에 효과가 있는 우수한 식품이다. 예로부터 전통주의 안주는 빈대떡이 일반화되어 있으며, 콩 빈대떡은 콩의 기능성과 함께 전통주의 맛을 높일 수 있는 좋은 음식이다.

3. 커피

1) Coffee의 기원

커피의 어원은 에티오피아의 커피나무가 자라는 곳의 지명인 카파(Kaffa)에서 유래한 것으로 보인다.

커피가 처음으로 기록된 문헌은 페르시아의 의사 라제스의 저서이다. 라제스는 페르시아, 이집트, 인도, 유럽의 의학을 종합한 서적인 《의학집성》에서 에티오피아 및 예멘에 자생하는 번(Bun)과 그 추출액 번컴(Bunchum)을 의약 재료로 서술하고 있으며, 엘리스가 저술한 《커피의 역사적 고찰》에서는 15세기 니에하벤딩이 쓴 아라비아의 고문서를 인용하여 커피가 아비시니아에서 예전부터 식용으로 공급됐다고 서술하고 있다. 또한 16세기 중반 무렵부터 지중해의 레바토 지방을 여행한 유럽인의 여행기에서는 현지 사람들이 태운 번(Bun))에서 제조한 "카와"라 불리어지는 검은 액체를 식용으로 하는 것이 소개되어 유럽인들에게 커피가 알려지게 되었다.

2) 커피의 역사

커피는 6~7세기부터 재배되고 음용되었다고 추측하고 있다. 10세기경 아라비아 의사인 라제스(Rhazes)는 지면에 처음으로 커피가 소화나 이뇨에 효과가 있다고 언급하였고, 100년 후 아라비아의 의사이자 철학자인 아비센나(Avicenna)에 의해 커피 효과가 더 상세하게 기술되었다. 1450년경에는 이슬람교의 율법학자 게말레딘에 의해 대중에게 공개되었다.

과거의 커피 용도는 수도승들의 잠을 깨어주는 역할뿐만 아니라 약으로의 효능도 발휘했다. 몸에서 향기가 나도록 해주었고, 기침을 억제하고 홍역이나 천연두를 예방하며 최음제로도 사용되었다. 또한 커피 열매를 발효시켜 와인을 만들고 껍질을 우려내어 키셔(Kisher)라는 차를 만들었다. 또한 씨와 열매를 우려낸 보운야(Bounya)라는 차를 만들기도 했으며, 볶아서 분쇄한 콩을 동물의 기름덩이와 버무려 식량으로 사용하기도 했다.

3) 커피의 종류

각 나라에서는 특징적인 커피를 연구하여 만들고 있지만 생산하는 종으로 크게 구분하면 아라비카종(Coffea Arabica)과 로부스타종(Coffea Canephora, Robusta)이 있으며, 재배되고는 있으나 생산량이 적어 상업적인 가치가 낮은 리베리카종(Coffea Liberica)이 있다.

(1) 커피의 분류

① 아라비카종

에티오피아가 원산지로, 브라질, 콜롬비아, 자메이카, 멕시코, 과테말라, 케냐, 인도, 탄자니아, 코스타리카 등의 국가에서 재배된다. 세계 커피 총생산량의 약 70% 정도를 차지한다.

연평균 기온은 15~25℃, 해발 900~2,000m의 고지대에서 생산이 가능하다. 배수가 잘되고 미네랄이 풍부한 화산재 토양에서 생장하며, 규칙적인 비와 충분한 햇빛을 필요로 한다. 면역력이 약하여 잎이 누렇게 변하는 녹병에 걸리기 쉽고 성장 속도도 느리다.

아라비카종은 부드럽고 달콤한 맛, 풍부한 향을 지녔으며, 카페인 함량은 약 0.8~1.4% 정도이다.

[표 8-1] 커피의 분류

명칭	종	품종
Coffea	Arabica	Typica
	Canephora	Robusta
	Liberica	Liberica

② 로부스타종(카네포라)

카네포라종은 19세기 말 콩고에서 발견되었으며, 베트남, 콩고, 카메룬, 인도, 인도네시아 등에서 주로 재배된다. 아라비카종에 비해 병충해와 추위에 강하고 성장이 빠르며 800m 이하의 고도에서도 무난하게 잘 자란다.

커피 총생산량의 약 30%를 차지하고 로부스타종과 코닐론종이 대표적 품종이며, 생두의 모양은 둥글고 짧은 타원형이다.

로부스타종이 생산량의 대부분을 차지하므로 카네포라종이라는 명칭 대신 로부스타종으로 불린다. 카페인 함량은 2~3%로 바디감이 크고 쓴맛이 강하며, 향은 밋밋하다. 인스턴트 커피와 캔 커피 제조에 사용하거나 블렌딩 시에 사용된다.

(2) 커피의 종별 비교

[표 8-2] 아라비카종과 로부스타종의 비교

분 류	아라비카	로부스타
연간 기온	15~25°C	24~30°C
경작고 도(적정 고도)	해발 900m 이상	해발 800m 이하
연 강수량	1,500~2,000mm	2,000~3,000mmm
병충해	약하다	강하다
염색체 수	44개(2n)	22개(2n)
카페인 함유량	0.8~1.4%	2.0~3.0%
맛	향미와 산미 우수	향미가 약하고 쓰다
뿌리	깊은 뿌리	얕은 뿌리
개화부터 수확시기	8~9개월	10~11개월
수확량	1,500~3,000kg/Ha.	2,300~4,000kg/Ha.

4) 커피의 산지별 특징

커피는 산지별로 구분하는 것이 일반화되어 있다. 그 이유는 산지에 따라 커피 맛이 어느 정도 일정하고 산지별 구분은 종류별 구분도 포함하고 있기 때문이다.

(1) 라틴 아메리카

① 지메이카

블루마운틴이라 불리며 맛의 밸런스가 뛰어나고 희소성이 커서 고가의 가격에 거래된다. 시중에서 팔리는 블루마운틴은 대부분 블루마운틴이 어느 정도 섞인 Blend이다. 따라서 100%의 블루마운틴을 구하기는 매우 어렵다.

② 콜롬비아

Mild의 대명사로 알려졌으며 산미가 좋고 향미가 풍부한 커피이다. 주로 습식법을 사용하여 가공하며 크기에 따라 등급을 두어 Supremo, Excelso 등으로 불리기도 한다.

③ 브라질

Mild라 할 수 있고, 부담 없는 부드러운 커피이므로 처음 커피를 시작하는 이에게 알맞다. 결점두의 수로 등급을 정하며, No 2가 최상급이다. 부드러운 맛과 다른 커피의 특징을 잘 뒷받침하는 능력이 있어 블렌딩용으로 많이 사용된다.

④ 과테말라

화산지대의 영향으로 부드럽고 단맛 가운데 신맛이 좀 강하며, 스모키 향을 품고 있다. 생산 고도에 의해 등급을 정하며 SHB가 최상급이다. 마니아 층이 뚜렷한 커피이기도 하다.

⑤ 코스타리카

따라주 지역의 커피는 특별한 맛을 자랑한다. 과일의 신맛과 단맛을 품고 있으며, 누구나 좋아할 수 있는 커피이다.

⑥ 니카라과

과일의 단맛과 산미를 가지고 있으며 연하게 마시면 느낌이 좋다. 여성들이 좋아하는 타입이다.

(2) 아라비아와 아프리카

① 에티오피아

모카 커피라고도 하며, 예멘은 출하되는 항구 이름이다. 초콜릿 향을 품고 있어서 초콜릿이 들어간 커피로도 불린다.

예르가체프는 적절한 농도와 부드럽고 약간의 산미를 품고 있으며, 좋은 여운을 연출한다. 연하게 볶으면 군고구마향이 나고, 단향이 강한 커피이다.

시다모는 좋은 산미와 바디가 좋고 중후함을 가지고 있다. 대부분의 모카 커피는 시다모 커피를 말한다.

하라는 좋은 단맛과 경쾌한 과일의 산미를 가지고 있으며, 상급 커피에 속한다. 에티오피아 커피는 좋은 향, 좋은 단맛과 과일의 상큼함을 가지고 있어 여성들이나 중년층 남성이 좋아하는 커피이다.

② 케냐

잘 볶으면 꽃향기를 품고 있다. 산미가 강하며, 일반적으로 이 신맛을 잘 살리려고 강하게 볶기 때문에 바디 또한 강해진다. 신맛을 잘 살리면 뒷맛이 깔끔하지만, 강하게 볶으면 유통기한이 좀 짧은 단점이 있다.

③ 탄자니아

아프리카 커피답게 과일의 신맛을 품고 있으며 부드러운 것이 특징이다.

(3) 아시아, 태평양

① 인도

몇 주의 숙성 기간 동안 몬순 바람을 쐬면서 섞어주기 때문에 몬순커피로 불린다. 신맛은 적고 묵직한 바디와 쓴맛이 있다.

② 하와이

하와이안 코나라는 커피로 유명하다. 좋은 밸런스를 가지고 있어 고가로 거래된다. 등급은 Kona Extra Fancy〉kona Fancy〉Kona Frime 순이다.

③ 베트남

브라질 다음으로 세계 제2위의 커피 생산국이다. 주로 로부스타를 경작하며 저급 이미지가 강한 로부스타지만 결코 맛에 있어서는 저급이 아니다. 바디가 크고 약한 신맛에 누룽지와 비슷한 향이 난다. 블렌딩 용도로 많이 사용한다.

④ 파푸아뉴기니

블루마운틴의 묘목을 파푸아뉴기니 섬에 심어 성공하여 경작되어 왔다. 약한 단맛을 가지고 있으며, 생두의 풋향이 강하므로 주로 강하게 볶아 은은한 탄향을 즐기는 커피이기도 하다.

(4) 인도네시아

① 수마트라

만델링으로 유명하다. 바디가 크고 쓴맛을 가지고 있으며 인도네시아의 특이한 흙내음을 품고 있다.

② 술라웨시

토라자가 유명하며 토라자는 청록색을 띤다. 바디가 풍부하고 산미가 적다.

5) 커피 로스팅과 블렌딩

(1) 로스팅(Roasting)

커피를 열로 볶는 과정을 말하며, 커피의 좋은 맛과 향을 표출시키는 중요한 단계라고 할 수 있다.

커피의 맛은 생두의 품질도 중요하지만 원두를 맛있게 잘 볶는 것이 바리스타의 능력을 좌우할 수 있는 기준이 된다.

[표 8-3] 로스팅 과정의 물리적 변화

분 류	Yellow 단계			1차 Crack	휴지기	2차 Crack	
반응	흡열			발열	흡열	발열	
색							
	Green	Yellow	Cinnamon	L.Brown	M.Brown	D.Brown	Black
향	풋내	단향	단향 신향	신향	신향 매운향	매운향 고유향	탄향
맛	처음 신맛은 크고 쓴맛은 적지만 진행됨에 따라 신맛은 적고 쓴맛은 증가된다.						
형태	원형	수축		팽창			멈춤
중량 감소	1~11%			12~14%	15~17%	18% ~	

[표 8-4] 로스팅의 단계

agtron	90	80	70	60	50	40	30	
	#95	#85	#75	#65	#55	#45	#35	#25
단계	Light	Cinnamon	Medium	High	City	Full-City	French	Italian
색								

[표 8-5] 로스팅 방법

분 류	저온-장시간 로스팅	고온-단시간 로스팅
로스터의 종류	드럼형	유동층형
커피콩의 온도	200~240℃	230~250℃
시간	8~20분	1.5~3분
밀도	팽창이 적어 밀도가 크다.	팽창이 커서 밀도가 작다.
향미	신맛이 약하고 뒷맛이 텁텁하지만 중후하고 향기가 풍부하다.	신맛이 강하고 뒷맛이 깨끗하지만 중후함과 향기가 적다.
가용성 성분	적게 추출	상대적으로 10~20% 많이 추출
경제성	유동층 로스팅이 한 잔당 커피 사용량을 10~20% 덜 쓰게 되어 경제적이다.	

[표 8-6] 로스팅 머신

제 조 사		로스팅 방식	열 원
제네카페		간접 열풍	전기
IMAX		직화	전기
후지로얄		직화/반열풍	가스
본맥		반열풍	가스
태환		반직화/반열풍	전기/가스
프로밧		반열풍	가스
디드릭		반열풍	가스
하스가란티		반열풍	가스
에소 RFB		열풍	전기

[표 8-7] 로스팅 방식의 특징

분 류	직 화 식	반열풍식	열풍식
가열방식	드럼에 직접 전달	직열 + 열풍	열풍으로만 전달
맛과 향	개성적인 맛 표현 가능	안정적인 맛과 향	깔끔한 맛

(2) 블렌딩

서로 다른 맛과 향이 있는 커피를 두 가지 이상 혼합하여 새로운 맛을 만드는 것을 말한다. 좋은 맛을 구현하기 위해서는 각 커피의 특징을 잘 파악하고 있어야 한다.

블렌딩의 목적은 원하는 맛을 구현하기 위하여 부족한 원두의 맛을 조화롭게 보충하고 강한 특성을 가지고 있는 원두의 맛을 중화하기 위함이다.

[표 8-8] 블렌딩의 방식

분 류	단종 블렌딩	혼합 블렌딩
방 법	서로 각각 로스팅을 마치고 난 후에 섞는 방법	생두 상태에서 블렌딩하여 로스팅하는 방법
로스팅 횟수	여러 번 해야 한다.	로스팅 머신 정량만큼 한 번에 할 수 있다.
재 고	많이 남는다.	필요량만 쓰므로 적게 남는다.
맛	커피 각각의 맛을 느낄 수 있지만 항상 균일하지 않다.	언제나 균일한 맛을 낼 수 있지만 각각의 커피의 맛은 기대할 수 없다.
향	미묘하지만 각각의 향을 느낄 수 있다.	향이 섞여 새로운 향을 탄생시킨다.
색	어렵지만 색의 균형을 맞출 수 있다	많이 볶는 단계가 아니라면 커피의 밀도와 수분 등의 특성에 따라 각자의 색을 띨 수 있다.

[표 8-9] 블렌딩의 조합

맛	단계	조 합
중후하고 조화로운	Full-city	콜롬비아 40%+에티오피아 30%+과테말라 20%+케냐 10%
신맛과 달콤한	City	에티오피아 50%+인도네시아 50%
감미롭고 깊고 풍부한	Full-city	브라질 50%+과테말라 25%+에티오피아 25%
좋은 신맛과 중후함	Full-city	케냐 40%+모카 40%+브라질 20%
달콤한 에스프레소	Full-city	콜롬비아 30%+과테말라 20%+에티오피아 40%+브라질 10%

6) 커피의 포장과 보관방법

(1) 포장방법

커피의 포장방법에는 공기 포장, 진공 포장, 밸브 포장, 질소가스 포장 등이 있으며 보향성, 차광성, 방기성, 방습성을 잘 갖춘 포장방법은 커피의 산화에 의한 산패 속도를 어느 정도 늦출 수 있다.

커피는 통기성이 좋은 황마나 사이잘삼으로 만든 자루에 담아 재봉하여 포장한다. 보통 60kg 단위로 포장하는데 최근에는 진공 포장방법을 쓰기도 한다.

(2) 보관방법

커피는 보관이 제대로 이루어지지 않으면 변질되어 커피의 맛에 많은 영향을 주기 때문에 많은 주의가 필요하다. 보관 온도는 20°C, 습도는 40~50%가 좋으며 통풍이 잘되고 빛이 들어오지 않는 곳이 좋다. 커피는 4주까지 향기 성분이 남아 있지만 2주 안에 향 성분이 50% 가량 줄어들기 때문에 2주 이내에 소비하는 것이 좋다. 분쇄 시에는 분쇄된 입자 하나하나가 산소에 반응하여 더 빨리 산패되므로 분쇄 후엔 바로 사용해야 한다.

7) 에스프레소, 카페라떼, 카푸치노의 제조방법

(1) 에스프레소의 개념

에스프레소는 Express를 의미하며, 높은 압력으로 "빠르게" 추출한(30초 이내) 커피를 말한다.

에스프레소용 커피는 부드럽게 넘어가면서 꽉 찬 바디와 맛의 밸런스가 좋으며 지속적으로 남는 좋은 여운을 위해 각 산지별 커피의 특징을 살려 로스팅하고 서로 어울리게 블렌딩하여 사용한다. 하지만 최근엔 "Single Origin Coffee"라고 하여 블렌딩하지 않은 단종의 커피만으로 에스프레소를 추출하기도 한다.

(2) 크레마

크레마는 영어로 크림(Cream)이다. 크레마의 생성 원리는 에스프레소 머신에서 추출되는 높은 압력의 물이 커피 파우더를 통과하면서 향기 성분과 비수용성(오일) 성분을 추출하게 된다.

좋은 크레마는 붉은 빛이 감돌고 부드러운 갈색 거품의 형태가 계속 유지되며 설탕을 부어도 잠시 동안 머금고 있어야 할 정도로 조밀해야 한다.

(3) 에스프레소 추출

① 커피 파우더 만들기

로스팅한 커피 원두는 그라인더를 사용하여 파우더로 만든다. 탬핑의 강도, 커피 파우더의 양, 추출 압력, 물의 온도 등에 따라 에스프레소의 맛과 추출양이 달라진다. 커피 입자가 굵으면 입자 사이사이의 간격이 넓으므로 물의 추출 속도는 빨라진다. 반대로 커피 입자가 가늘면 입자 사이 간격이 좁으므로 물의 추출 속도는 느려진다.

② 에스프레소 추출하기

[그림 8-11] 에스프레소 추출 방법

물줄기 그림			
크레마 색		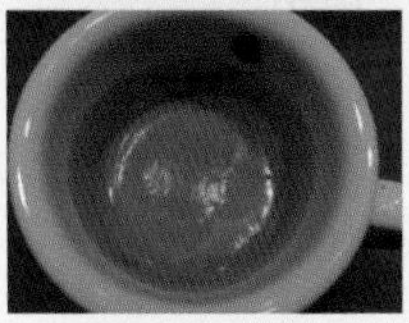	
분류	과소	정상	과다
크레마	크레마의 색은 옅고 두께는 얇으며 거품의 크기가 큼	붉은 빛이 감돌고 설탕을 부어도 잠시 동안 머금고 있을 정도로 부드럽고 조밀함	검은 색의 띠를 두르거나 검은색 반점을 가지고 있음
입자의 크기	입가가 굵음	적당한 굵기	입자가 가늘음
커피 사용량	기준보다 적은 양을 사용	적당한 양	기준보다 많은 양을 사용
물의 온도	온도가 낮음	적당한 온도	온도가 높음
추출 시간	빠르게 나옴	20~30초	느리게 나옴

[그림 8-12] 에스프레소의 추출 비교(적정, 과다, 과소)

[표 8-10] 한 잔의 에스프레소 추출 기준

분 류	기 준	분 류	기 준
추출 압력	8~10bar	커피 양	7~8g
추출 온도	90~95°C	추출 시간	20~30초
추출량	20~30ml	pH	5.2

(4) 카페라떼의 제조방법

① 커피 파우더 만들기

그라인더를 사용하여 적정한 굵기로 커피 파우더를 만든다.

그라인더는 커피 원두를 파우더로 만들어 주는 기계이며, 파우더의 입자를 가늘게 혹은 굵게 할 수 있다.

② 우유 거품 만들기

가페라떼와 카푸치노에 사용되는 우유 거품의 분량은 차이가 있다.

우유 거품의 생성 원리는 우유 표면에 스팀이 분사되어 공기가 주입되면 유시방이 공기를 흡착하고 단백질은 거품을 만들어준다.

스티밍의 과정은 공기 주입 → 거품 생성 → 혼합 및 가열을 거쳐 카페라떼를 위한 우유 거품을 생성한다.

우유의 거품을 생성할 때 우유의 적정 온도는 5℃ 가 적당하고, 거품을 내는 과정은 40℃ 아래로 하며 우유 거품의 혼합 과정은 65~73℃ 에서 마무리한다.

우유 거품의 혼합 과정을 너무 오래하면 우유가 끓어서 무거운 거품이 만들어지고 우유의 고소한 맛이 적고 싱겁다.

거품을 내기에 적합한 우유는 유지방분이 조정되지 않은 우유로 살균시유가 적당하고, 1급 A 우유의 품질 기준(세균수/ml)은 3만 미만이다.

● 우유 거품 만들기

1. 스팀피처를 기울여 팁의 1/3을 우유에 넣고 노브 작동	2. 거품과 혼합, 스티밍 작업

● 스티밍 방법

	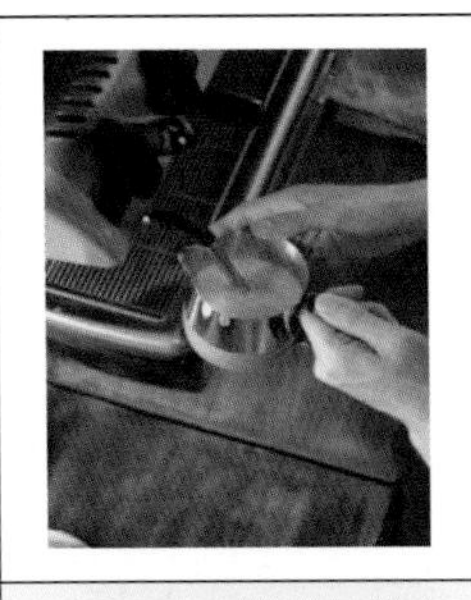	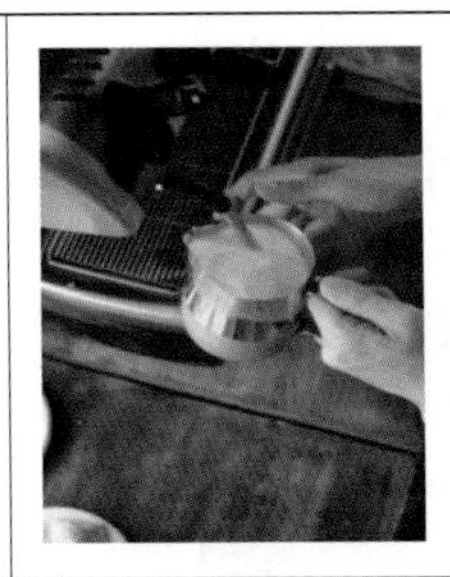	
1. 스티밍 작업 전 충분한 스팀 분출	2. 스팀피처를 기울여 팁을 우유에 넣고 밸브 작동	3. 거품과 혼합 스티밍 작업	4. 스티밍 작업 후, 완드 청소 및 스팀 분출

[그림 8-13] 스티밍 과정

● 카페라떼 완성하기

카페라떼(Caffe Latte, 8oz기준): 에스프레소 30ml(1oz), 스팀 우유 170ml , 우유 거품	
	1. 에스프레소 30ml를 추출하여 카페라떼 잔에 담는다. (기호에 따라 에스프레소 양을 적절히 조절한다.)
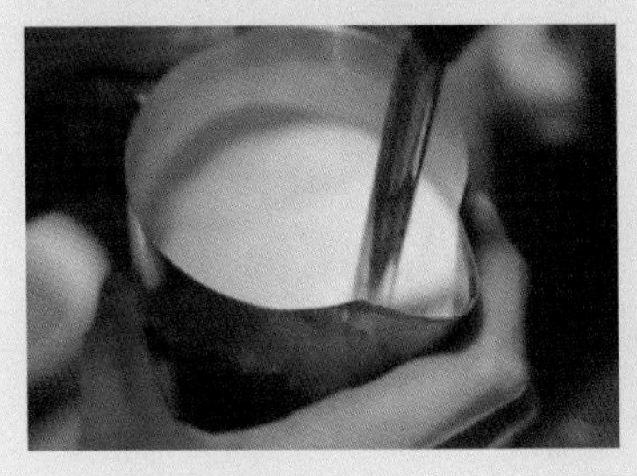	2. 카페라떼를 위한 우유 스티밍을 한다.

	3. 잔에 스팀 우유와 같이 우유 거품을 부어준다. (기호에 따라 시럽을 첨가한다.)
	4. 완성된 카페라떼

[그림 8-14] 카페라떼 제조 과정

(5) 카푸치노의 제조방법

드라이 카푸치노(Dry Cappuccino, 8oz 기준): 에스프레소 30ml(1oz) , 스팀 우유 130ml
Dry 우유 거품 5cm 이상

	1. 에스프레소 30ml를 추출하여 카푸치노 잔에 담는다.
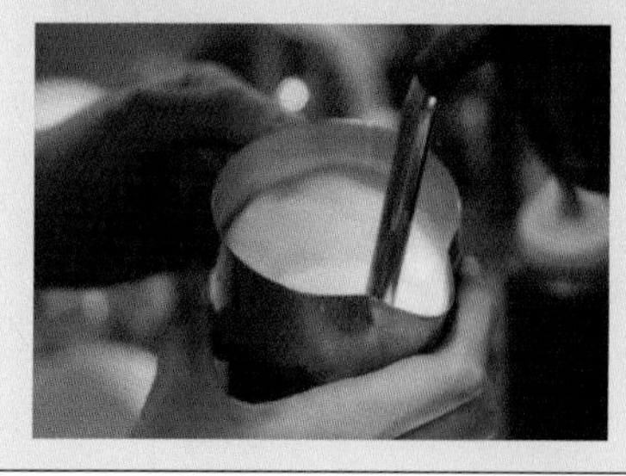	2. 드라이 카푸치노를 위한 우유 스티밍을 한다. (거품은 거칠고 양이 많게)

	3. 잔에 스팀 우유를 부어준 후 그 위에 퍼밍 스푼을 사용하여 우유 거품을 풍성하게 얹고, 시나몬 파우더를 골고루 뿌려준다.
	4. 완성된 시나몬 마운틴 카푸치노

[그림 8-15] 카푸치노의 제조 과정

8) 카페라떼 애칭 기법

애칭은 카페라떼에 미적 효과를 높이기 위한 장식 기법을 말하며, 초코, 카라멜, 우유 거품 등을 사용한다. 같은 모양이라도 잔의 크기에 따른 형태, 거품의 정도, 크레마와 우유 거품의 비중, 사용 하는 도구, 도구의 두께, 선을 긋는 느낌, 시작하는 위치 및 빠르기에 따라 느낌이 달라진다.

애칭은 섬세하고 미적 능력을 필요로 하는 응용 부분으로 많은 숙련과 노하우가 필요하다.

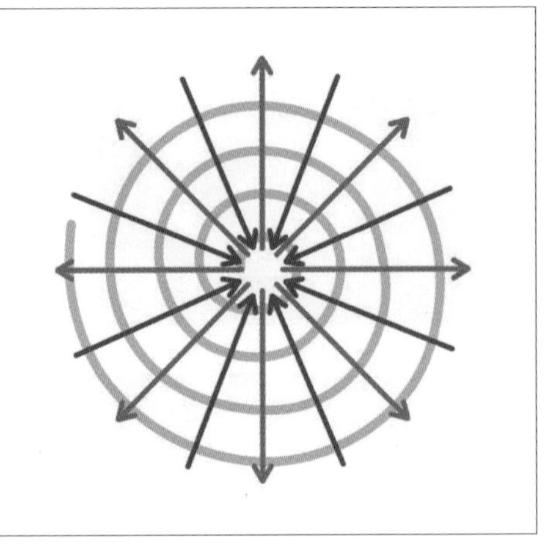

꽃모양

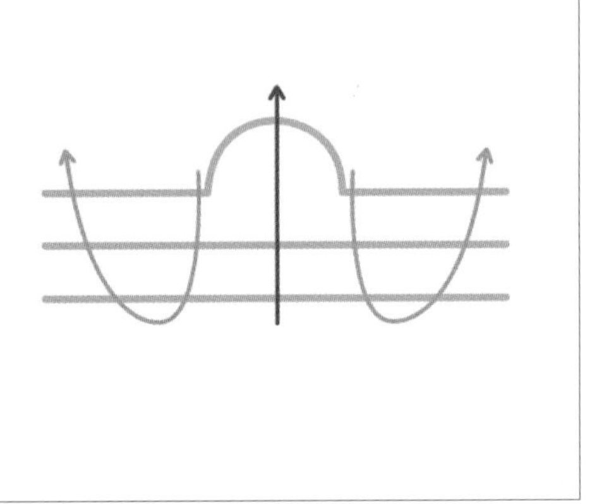

타지마할

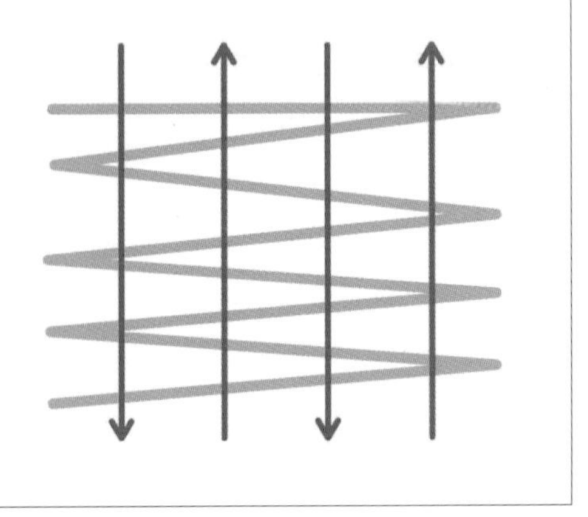

지그재그와 선

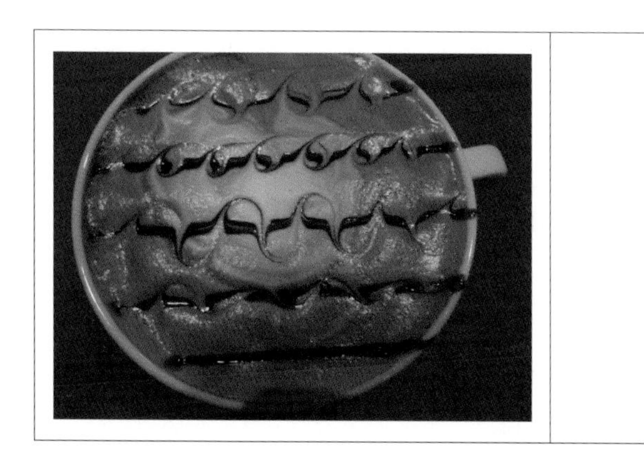

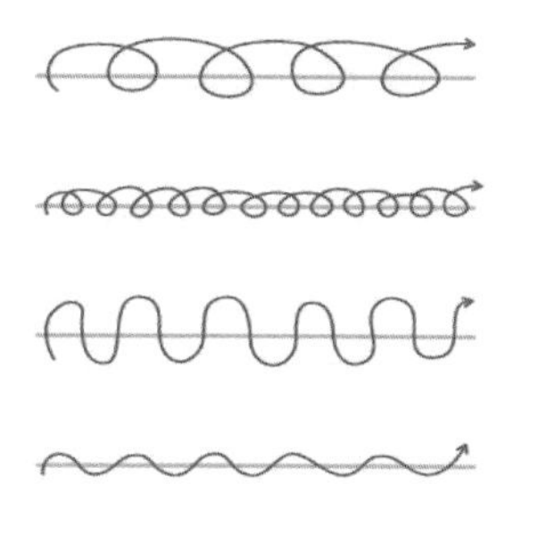

선 응용

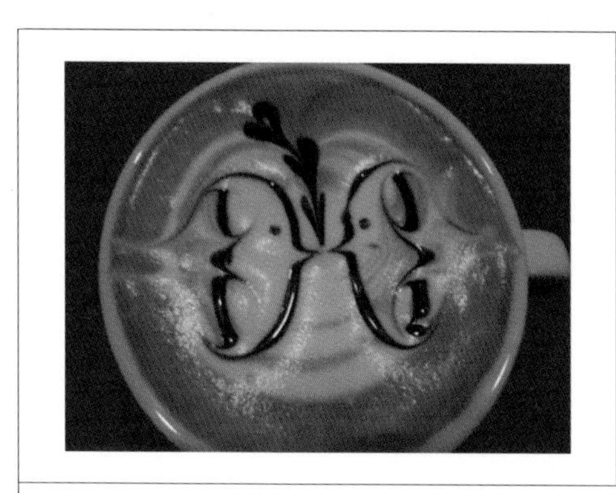

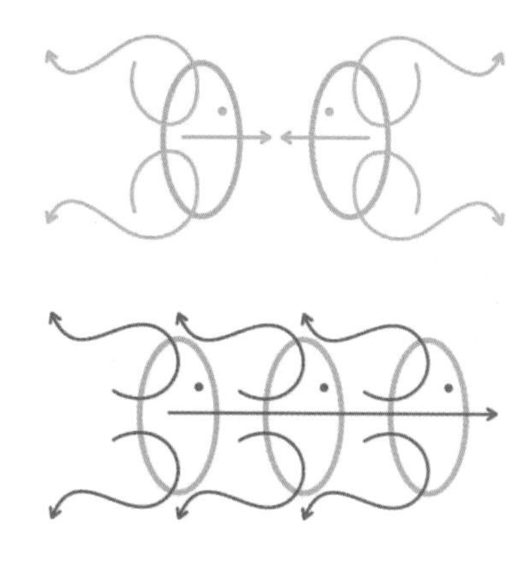

물고기

[그림 8-16] 카페라떼 애칭 기법

| 카페 메뉴 |

명칭	형태	제조방법
에스프레소	Espresso	커피 파우더 7~8g을 사용하고 약 20~30ml의 추출물이 된다.
아메리카노	Americano	에스프레소에 일정량의 물을 섞으면 블랙 커피인 아메리카노가 된다. 롱 블랙이라고도 불린다.
카페라떼	Cafe Latte	에스프레소에 일정량의 우유가 첨가되면 카페라떼(커피우유)가 된다.
카푸치노	Cappuccino	카푸치노는 커피 우유에 우유 거품을 풍성히 올린 것을 말한다.
카페모카	Cafe Mocha	카페모카는 커피 우유에 초콜릿 소스를 섞어 단맛이 많은 커피로 만든 것이다.
카라멜 마끼아또	Caramel Macciato	카라멜 마끼아또는 커피 우유에 카라멜 소스를 섞어 단맛이 많은 커피로 만든 것이다.

자료 : 바리스타 이유송

9) 카페 음료의 제조방법(Hot & Ice)

(1) 시럽과 소스의 사용 양과 시럽과 소스의 제조 방법

① 잔에 따른 에스프레소와 시럽 및 소스의 평균 첨가량

정해져 있는 첨가량은 없다. 기본적인 첨가량을 적어 놓았을 뿐 레시피는 잔의 용량과 커피의 양, 첨가물의 양에 따라 달라진다. 참고하여 취향에 따라 레시피를 달리 해주면 된다.

[표 8-11] 잔에 따른 에스프레소와 시럽 및 소스의 평균 첨가량

단위 : ml = g = cc

분류	에스프레소	시럽 및 소스
6oz = 180ml	1oz=30ml	12~13ml
8oz = 240ml	1oz=30ml	15ml
10oz = 300ml	1.5oz=45ml	20ml
12oz = 360ml	1.5oz=45ml	26ml
14.5oz (Iced)	1.5~2oz	30ml

② 시럽과 소스의 제조방법

시럽이나 소스의 제조방법은 설탕, 물을 사용하여 녹이거나 원재료 자체를 열로 녹이면 된다.

- 시럽

설탕 6 : 물 4의 비중으로 잘 섞어준다. 설탕 5 : 물 5의 비율을 사용하기도 한다. 이것을 뜨거운 물에 녹여 잘 섞어주거나 찬 물에 녹여 잘 섞어주기도 한다. 뜨거운 물로 녹이거나 끓이면 텁텁한 맛이 날 수도 있다. 시간이 오래 걸리고 어렵지만 찬물에 녹이는 것이 좋다.

• 소스

초콜릿이나 카라멜을 용기에 넣어서 녹여주면 된다. 하지만 경화되는 성질을 가지고 있기 때문에 굳지 않게 물이나 시럽을 첨가 하기도 한다.

③ 즉석 제조 방식과 미리 만들어 놓는 베이스 방식

주로 카페모카, 핫 초코, 아이스 초코, 아이스 티 등을 제조할 때의 방법으로 즉석으로 제조하기 쉬운 방법은 그때그때 소스를 사용하여 만들고 미리 만들어 놓는 방법은 파우더를 물이나 우유에 녹여 음료에 사용할 베이스를 만들어 놓는 것이다.

• 즉석 제조 방식

소스가 들어가는 카페 메뉴에 직접 그때 만들어 쓰거나(초콜릿을 녹여 사용하기 등) 판매되는 카페 음료용 소스를 쓰면 된다.

• 베이스 방식

베이스 제조는 파우더를 우유나 물에 일정 양을 희석하여 냉장고에 보관해 두고 주문 요청 시 바로 꺼내 잘 저어서 제조에 쓰면 아주 편리하다.

(2) 카페 음료의 제조방법

아이스 아메리카노
(Iced Americano)

완성

에스프레소 45ml(1.5oz), 찬 물 180ml, 얼음 7~8개

1. 에스프레소 45ml를 이브릭 또는 계량 컵에 담는다. (기호에 따라 에스프레소 양을 적절히 조절한다.)

2. 얼음과 찬물 180ml를 잔에 담는다.

3. 에스프레소 45ml를 물과 얼음이 담긴 잔에 살며시 부어준다. (기호에 따라 시럽을 첨가한다.)

아이스 카페라떼
(Iced Caffe Latte)

에스프레소 45ml(1.5oz), 찬 우유 180ml , 얼음 7~8개

1. 에스프레소 45ml를 이브릭 또는 계량컵에 담는다. (기호에 따라 에스프레소 양을 적절히 조절한다.)

2. 얼음과 찬 우유 180ml 를 잔에 담는다.

3. 에스프레소 45ml를 우유와 얼음이 담긴 잔에 살며시 부어준다. (기호에 따라 시럽을 첨가한다.)

메이플 카페라떼
(Maple Caffe Latte)

에스프레소 30ml(1oz), 메이플 시럽 15ml , 스팀 우유 170ml, 우유 거품

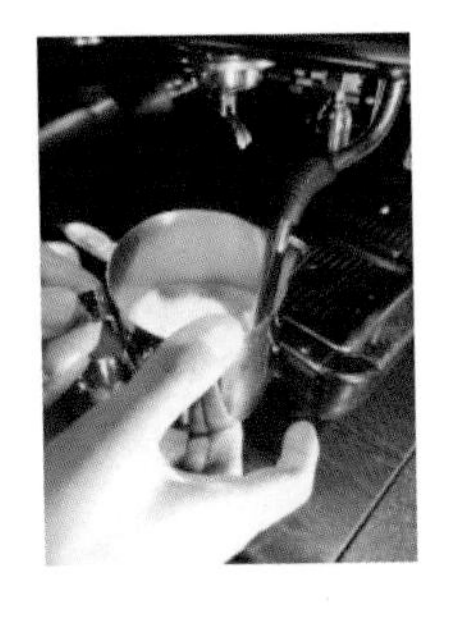

1. 라떼 잔에 메이플 시럽 15ml를 담는다.

2. 메이플 시럽이 담긴 잔에 에스프레소 30ml를 담아 섞어준다

3. 카페라떼를 위한 우유 스티밍을 한다.

4. 잔에 스팀 우유 170ml와 같이 우유 거품을 부어준다.

아이스 메이플 카페라떼
(Iced Maple Caffe Latte)

에스프레소 45ml(1.5oz) , 찬우유 170ml, 메이플 시럽 30ml, 얼음 7~8개

1. 이브릭 또는 계량컵에 메이플 시럽 30ml를 담는다.

2. 에스프레소 45ml를 시럽이 담긴 잔에 담고 섞어 준다. (기호에 따라 에스프레소 양을 적절히 조절한다.)

3. 얼음과 찬 우유 170ml를 잔에 담는다.

4. 커피와 소스를 섞은 것을 우유와 얼음이 담긴 잔에 살며시 부어준다.

벨벳 카푸치노
(Velvet Cappuccino)

완성

에스프레소 30ml(1oz) , 스팀 우유 130ml, 우유거품 1cm 이상

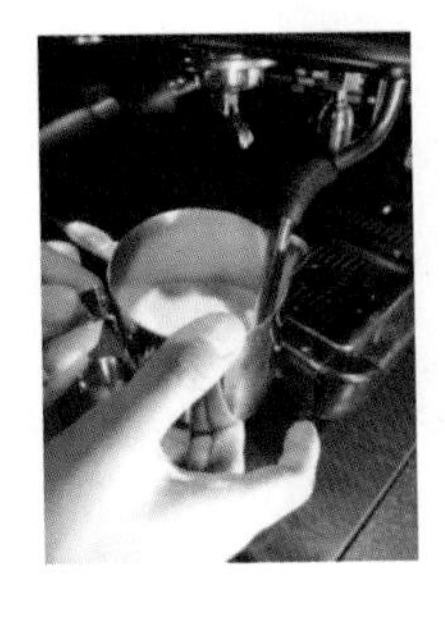

1. 에스프레소 30ml를 추출하여 카푸치노 잔에 담는다.

2. 카푸치노를 위한 우유 스티밍을 한다.

3. 잔에 스팀 우유 130ml와 같이 우유 거품을 부어준다. (기호에 따라 시나몬, 초코 파우더를 뿌려준다.)

드라이 카푸치노
(Dry Cappuccino)

시나몬 마운틴 카푸치노

에스프레소 30ml(1oz) , 스팀 우유 130ml, Dry 우유거품 5cm 이상

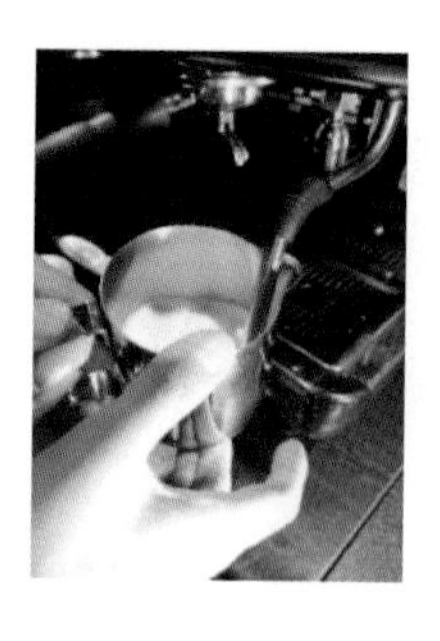

1. 에스프레소 30ml를 추출하여 카푸치노 잔에 담는다.

2. 드라이 카푸치노를 위한 우유 스티밍을 한다. (거품은 거칠고 양이 많게)

3. 잔에 스팀 우유를 부어준 후 그 위에 퍼밍 스푼을 사용하여 우유 거품을 풍성하게 얹어준다.

4. 시나몬 파우더를 골고루 뿌려준다.

카페모카
(Caffe Mocha)

에스프레소 45ml(1.5oz), 초코소스 30ml, 스팀 우유 200ml , 우유거품

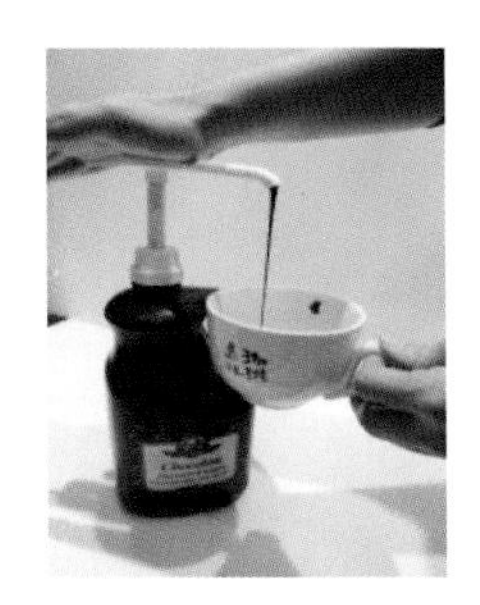

1. 모카 잔에 초코소스 30ml를 담는다.

2. 에스프레소 45ml를 초코소스가 담긴 잔에 넣고 섞어준다.

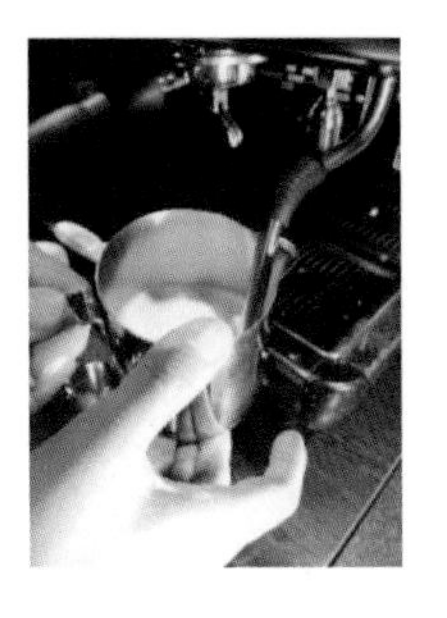

3. 까페모카를 위한 우유 스티밍을 한다.

4. 잔에 스팀 우유 200ml와 같이 우유 거품을 부어준다.

아이스 카페모카
(Iced Caffe Mocha)

에스프레소 45ml(1.5oz) , 초코소스 30ml, 찬 우유 170ml , 얼음 7~8개

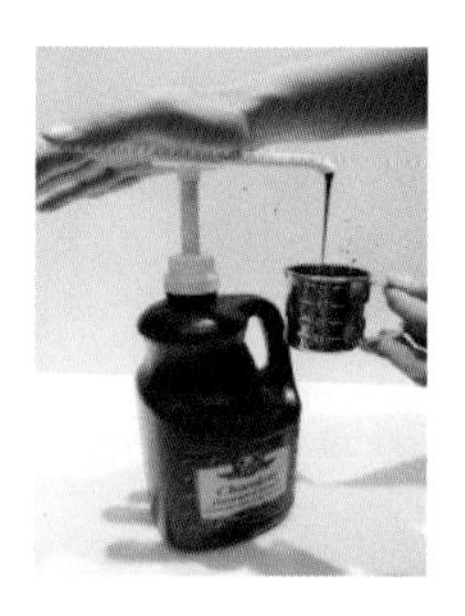

1. 이브릭 또는 계량컵에 초코소스 30ml를 담는다.

2. 에스프레소 45ml를 소스가 담긴 잔에 담고 섞어 준다.(기호에 따라 에스프레소 양을 적절히 조절한다.)

3. 얼음과 찬 우유 170ml를 잔에 담는다.

4. 커피와 소스가 섞인 것을 우유와 얼음이 담긴 잔에 살며시 부어준다.

카라멜 마키아또
(Caramel Macciatto)

에스프레소 45ml(1.5oz) , 카라멜 소스 15ml + 카라멜 시럽 11ml, 스팀 우유 200ml, 우유 거품

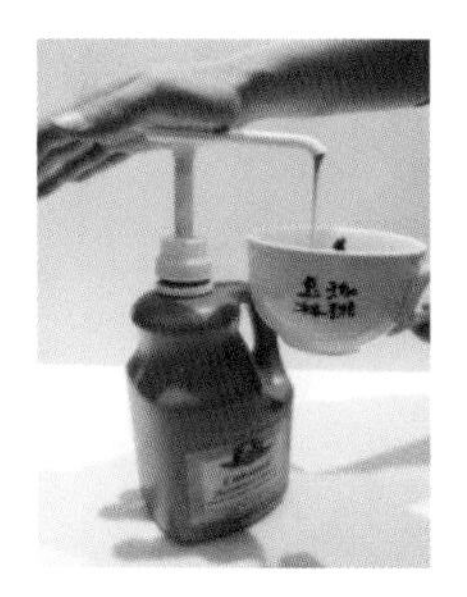

1. 마끼아또 잔에
카라멜 소스 15ml +
카라멜 시럽 11ml를
담는다.

2. 에스프레소 45ml
를 소스와 시럽이
담긴 잔에 넣고
섞어준다.

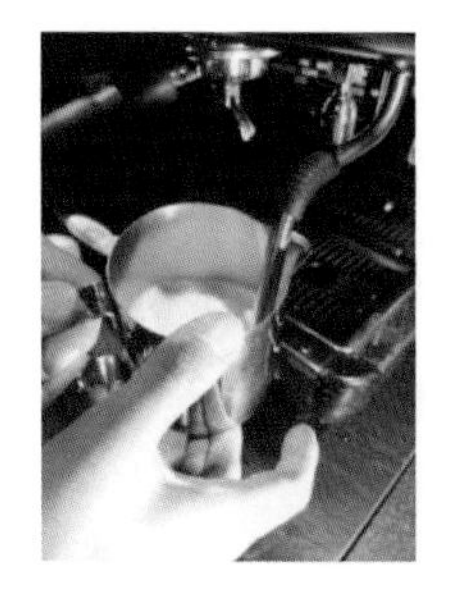

3. 카라멜 마끼아또를
위한 밀크 스티밍을
한다.

4. 잔에 스팀 밀크 약
200ml와 같이
우유 거품을 부어준다.

아이스 카라멜 마키아또
(Iced Caramel Macciatto)

에스프레소 45ml(1.5oz) , 카라멜 소스 15ml + 카라멜 시럽 11ml , 찬 우유 170ml , 얼음 7~8개

1. 이브릭 또는 계량 컵에 카라멜 소스 15ml + 카라멜 시럽 11ml를 담는다.

2. 에스프레소 45ml 를 소스가 담긴 잔에 담고 섞어 준다. (기호에 따라 에스프레소 양을 적절히 조절한다.)

3. 얼음과 찬 우유 170ml 를 잔에 담는다.

4. 커피와 소스+시럽이 섞인 것을 우유와 얼음이 담긴 잔에 살며시 부어준다.

녹차 라떼
(Green Tea Latte)

녹차 파우더 20g, 뜨거운 우유 또는 물 50ml, 스팀 밀크 200ml

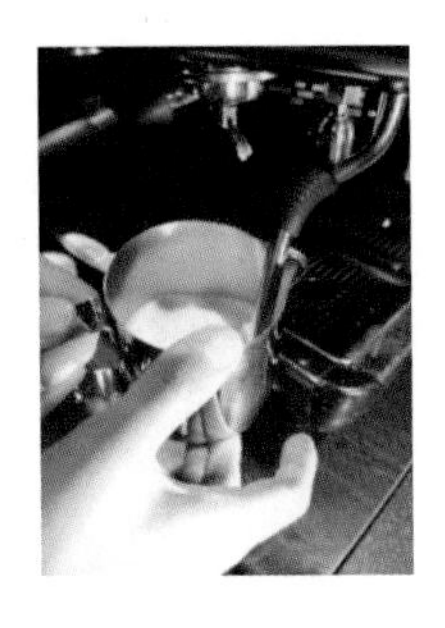

1. 녹차 라떼 잔에 녹차 파우더 20g을 뜨거운 우유나 물 50ml와 섞어 담는다.
2. 녹차 라떼를 위한 우유 스티밍을 한다.
3. 잔에 스팀 밀크 200ml와 같이 우유거품을 부어준다.

아이스 녹차 라떼
(Iced Green Tea Latte)

완성

녹차 파우더 30g, 뜨거운 우유 또는 물 50ml, 스팀 밀크 200ml

1. 이브릭 또는 계량 컵에 녹차 파우더 30g을 뜨거운 우유나 물 50ml에 섞어준다.
2. 얼음과 찬 우유 180ml 를 잔에 담는다.
3. 녹차 파우더 녹인 것을 우유와 얼음이 담긴 잔에 살며시 부어준다.

핫 초코
(Hot Choco)

초코소스 30ml + 뜨거운 우유 또는 물 50ml, 스팀 우유 200ml

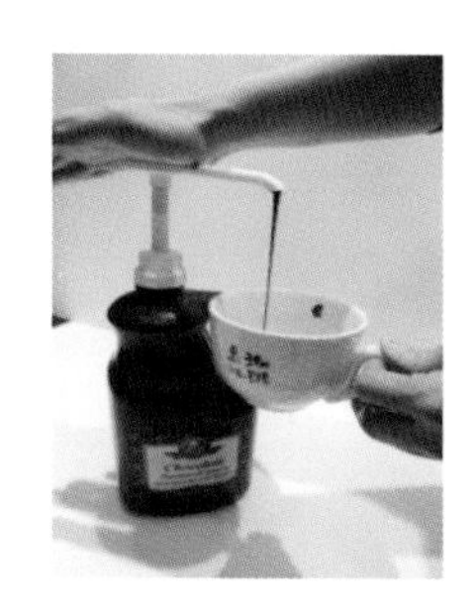

1. 핫쵸코 잔에 쵸코소스 30ml를 뜨거운 우유나 물 50ml와 섞어 담는다.

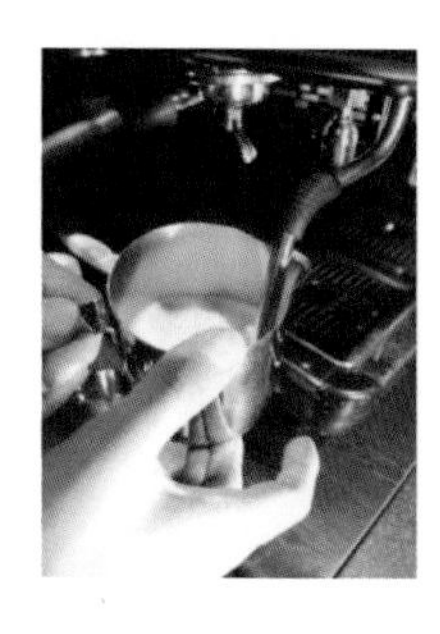

2. 핫 초코를 위한 밀크 스티밍을 한다.

3. 잔에 스팀 우유 200ml와 같이 우유거품을 부어준다,

아이스 초코
(Iced Choco)

완성

초코소스 30ml + 뜨거운 우유 또는 물 50ml, 찬 우유 180ml, 얼음 7~8개

1. 아이스 잔에 초코소스 30ml를 담는다.

2. 뜨거운 우유나 물 50ml을 넣고 섞어준다.

3. 얼음과 찬 우유 180ml를 잔에 담고 섞어 준다.

핫 초코 민트
(Hot Choco Mint)

완성

초코 소스 30ml, 민트 2~3g를 우린 뜨거운 물 70ml, 스팀 우유 200ml

1. 민트 2~3g을 뜨거운 물 70ml에 2~3분 우려낸다.

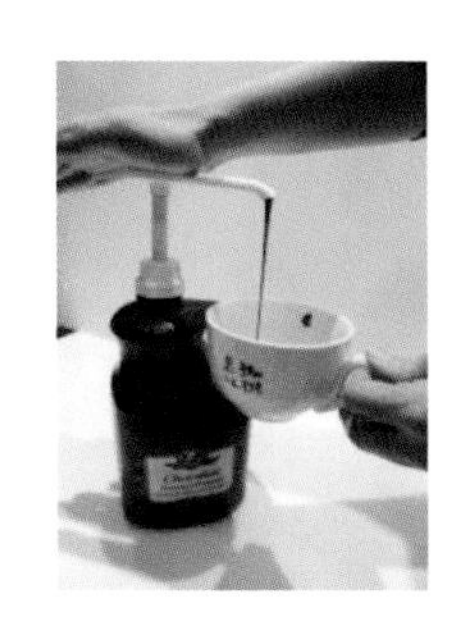

2. 핫쵸코 잔에 초코 소스 30ml와 민트를 우려낸 물 70ml를 담아 섞는다.

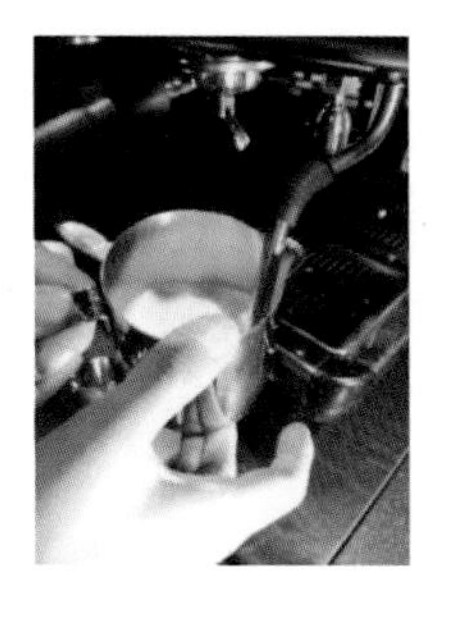

3. 핫 초코를 위한 밀크 스티밍을 한다.

4. 잔에 스팀 우유 200ml 와 같이 우유거품을 부어준다,

아이스 초코 민트
(Iced Choco Mint)

초코소스 30ml + 뜨거운 우유 또는 물 50ml 찬 우유 180ml, 얼음 7~8개

1. 민트 2~3g을 뜨거운 물 70ml에 2~3분 우려낸다.

2. 아이스 잔에 초코소스 30ml를 담는다.

3. 민트를 우려낸 물 70ml를 담아 섞는다.

4. 얼음과 찬 우유 180ml를 잔에 담고 섞어 준다.

로얄 밀크 티
(Royal Milk Tea)

홍차 4g, 우유 100ml , 뜨거운 물 100ml

1. 0.35L 스팀피처에 홍차 4g 을 넣고 뜨거운 물 100ml 에 2분 우려낸다.

2. 홍차를 우려낸 스팀피처에 우유 100ml를 담는다.

3. 다시 한번 온도를 올려주기 위해 스티밍을 하여 한번 더 우려내어 차 잎을 거르고 잔에 담는다.

플래인 라시
(Plain Lassi)

요거트 파우더 40g, 우유 200ml , 얼음 7~8개

1. 쉐이커에 얼음 7개와 요거트 파우더 40g, 우유 200ml를 넣는다.

2. 충분히 흔들어 주고 잔에 담는다.

민트 라시
(Mint Lassi)

민트 3g , 요거트파우더 40g, 뜨거운 물 170ml, 얼음 7~8개

1. 뜨거운 물 170ml에 민트 3g을 넣어 3분 우려낸다

2. 쉐이커에 얼음을 담고 요거트 파우더와 우려낸 민트를 넣는다.

3. 충분히 흔들어 주고 잔에 담는다.

자료 : 바리스타 이유송

10) 바리스타 2급 실기 시험

바리스타 실기 시험은 실제 운영되는 카페에서 고객에게 커피를 제공할 때, 정해진 시간 내에 얼마나 청결하게 잘 만들고 전달하는가를 측정하는 시험이다.

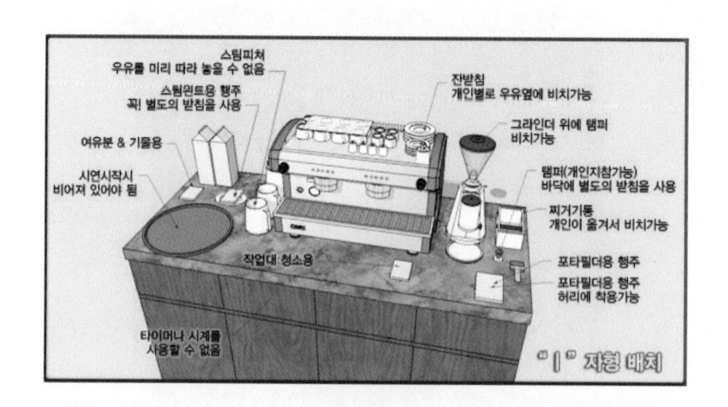

[그림 8-17] [그림 8-17] 시험장의 배치도

(1) 준비물

앞치마, 린넨, 행주는 개인적으로 준비해야 한다. 다른 것들은 시험장에 준비되어 있다. 머신과 그라인더 역시 알맞게 조정되어 있으니 따로 머신을 조정할 필요는 없다.

(2) 실격 조건

① 10분 중, 1분을 초과하면 실격이므로 정해진 시간을 초과하면 불리해진다.

② 기물을 바닥에 떨어뜨리거나 깨트리면 실격 요인이지만 계속적으로 진행된다.

③ 머신 상부에 물을 부으면 바로 실격 처리되고, 진행은 중지되므로 에스프레소 잔 예열 중 실수로 상부에 물을 붓지 않도록 한다.

④ 에스프레소를 50초 이상 추출하거나, 넘쳐흘러 크레마가 보이지 않거나, 많이 추출된 것을 일부분 버리고 제출하면 실격 처리되니 시연 중 추출량을 점검하도록 한다.

(3) 5분 준비 과정

5분간 시연을 위해 준비를 하는 과정으로 머신을 점검하고 추출이 제대로 되는지 확인해 본다. 그리고 사용할 잔을 예열하며 시연을 위한 기구와 주변을 깨끗이 정리하는 과정이다.

순서: 행주 배치 → 머신 점검 → 잔 예열 → 추출 → 정리

(4) 10분 시연 과정

10분이란 시간에 에스프레소 4잔과 카푸치노 4잔을 서브하고 뒷정리를 한다. 에스프레소 4잔을 만들기 위해 준비한 후, 에스프레소 4잔을 만들고 4잔을 제출한다. 카푸치노 4잔을 만들기 위해 준비하며, 카푸치노 4잔을 만들고 4잔을 제출한 후, 뒷정리를 한다.

순서: 에스프레소 준비 → 에스프레소 제조 → 제출하기
카푸치노 준비 → 카푸치노 제조 → 제출하기 → 뒷정리

<table>
<tr><th>바리스타 직업</th><th>바리스타 민간자격 취득</th></tr>
<tr><td>바리스타는 이태리어로 바 안에 있는 사람을 뜻하며 원래는 바맨(BarMan)이라고 한다.
우리나라는 다양한 카페 문화가 형성되면서 커피 전문점의 증가와 함께 바리스타의 수요도 증가하고 있다.
바리스타는 고객이 원하는 커피 한 잔을 제공하기 위하여 커피 원두의 선택, 추출 기구와 기계 활용 및 고객의 취향에 따른 다양한 커피의 추천도 가능해야 한다.
바리스타는 커피와 음료에 대한 전문 지식, 각 메뉴별 커피 음료의 제조를 위한 기기 작동과 관리 능력 및 미술, 음악에 대한 예술적 소양 등 폭넓은 지식이 있어야 한다. 또한 많은 시간 동안 서서 일을 하며 많은 고객을 상대하기 때문에 고객만족을 위한 서비스 정신과 예절을 가지고 있어야 하며 커피에 대한 열정과 주어진 상황을 빨리 파악할 수 있는 감각 등이 필요하다.
바리스타는 커피를 매개로 사람과 사람의 사이를 조금 더 가깝게 하기 위하여 맛있고 멋진 커피를 제조하고, 올바른 커피의 문화를 전달시키는 직업이다.</td><td>
</td></tr>
</table>

09

FOOD COORDINATION & CAPSTONE DESIGN

캡스톤 디자인

1. 캡스톤 디자인의 개요
2. 산학연계형 캡스톤 디자인 과정 운영 및 활용 사례

CHAPTER 09

캡스톤 디자인

학습 내용

- 캡스톤 디자인의 개념을 이해한다.
- 캡스톤 디자인의 아이디어 개발을 이해한다.
- 캡스톤 디자인의 운영 절차를 이해한다.
- 캡스톤 디자인의 과제 수행방법을 이해한다.
- 캡스톤 디자인의 최종 결과물을 이해한다.

1. 캡스톤 디자인의 개요

1) 캡스톤 디자인(Capstone Design)의 개념

캡스톤은 돌기둥이나 담 위 등 건축물의 정점에 놓인 장식, 성취, 최고의 업적을 의미한다.

캡스톤 디자인은 학생들에게 산업 현장에서 부딪칠 수 있는 문제를 해결할 수 있는 능력을 길러주기 위하여 전공 지식을 바탕으로 연구 가치가 있는 과제 또는 프로젝트를 학생들 스스로 기획, 설계, 제작, 평가하는 과정을 경험하게 하는 종합 설계 프로그램이다. 또한 작품 설계 과정에 학생, 교수, 기업이 함께 참여하여 산업체가 필요로 하는 기술을 주제로 활용하거나 산업체 인사가 캡스톤 디자인 교육에 직접 참여할 수 있는 교과목이다.

2) 캡스톤 디자인의 목표

학생들이 산업 현장에서 필요로 하는 과제 중심의 교육을 통해 문제 해결 방법, 아이디어 개발과 현장 적응력을 향상시켜 취업 후 곧바로 현장에서 일할 수 있는 유능한 인재를 양성하고 종합 설계 및 프로젝트 개발 능력을 함양하여 4차 산업혁명 시대에 알맞은 창의 인재를 양성하고자 한다.

3) 캡스톤 디자인의 필요성

4차 산업혁명 시대에는 빠른 기술 변화에 대처할 수 있는 인재 양성과 성과 중심의 교육 패러다임 변화에 부응할 수 있는 창의적 문제 해결 및 협업 능력 등을 배양할 수 있는 프로젝트 교육이 필요하다.

캡스톤 디자인은 프로젝트 중심의 종합 설계 프로그램으로 학생들에게 실제적인 문제를 접할 수 있는 기회를 제공하며 창의성, 효율성, 안전성, 경제성 등의 모든 측면을 고려할 수 있는 통합적 기술 능력과 산업 현장에서 필요한 실무 능력 함양에 도움이 될 수 있다.

4) 캡스톤 디자인의 운영 유형

(1) 일반 캡스톤 디자인

각 학과(전공)에서 전공 관련 프로젝트 수행 및 링크 사업 참여 학과 캡스톤 디자인 또는 종합 설계 교과목 지원

(2) 전공 심화형 캡스톤 디자인

정규 교과목화된 각 학과(전공)에서 전공 관련 심화과제 수행

(3) 창의형 캡스톤 디자인

창의적인 아이디어를 도출하여 작품을 제작하는 과정

(4) 융합 캡스톤 디자인

각기 다른 전공 분야의 학생들이 융합으로 팀을 구성하여 과제를 수행(기업체 참가 가능)

(5) 산학연계형 캡스톤 디자인

산업체와 연계한 실무 인재 양성을 위해 반드시 기업체와 연계하여 과제를 수행

(6) ICIP 캡스톤 디자인

인턴십·캡스톤 디자인 통합 프로그램으로 기업체 맞춤형 프로젝트의 운영 및 지원

5) 캡스톤 디자인의 교수·학습법

캡스톤 디자인 수업은 교수자가 교육 과정 전체를 지휘하는 방식에서 벗어나 학습자 중심 교육이 될 수 있도록 교수자는 과제의 목표를 정해 주고 학생들에게 목표 달성 방법을 선택할 수 있도록 안내자의 역할을 해준다. 또한 학생들 스스로 아이디어를 개발하고 체험하는 학습 과정을 통해 팀워크와 의사소통 능력을 키우고 최종 목표를 달성을 할 수 있도록 교육한다.

6) 캡스톤 디자인의 아이디어 개발

(1) 디자인 싱킹(Disign Thinking)

디자인 싱킹은 "창의적 문제 해결을 위한 사고방식"을 말하며 학생 개개인의 감성과 경험을 이해하고 구성원들이 공감할 수 있는 행동 변화를 이끌어 내는 교육방법이다.

디자인 싱킹은 공감하기, 문제의 근본 원인 정의하기, 아이디어 도출하기, 프로토타입 만들기, 테스트 및 피드백 받기 등의 5단계 프로세스로 구성되며 학습을 통해 새로운 솔루션을 도출할 수 있다.

디자인 싱킹은 디자인적 사고를 기반으로 학생 중심의 공감을 통해 새롭게 문제점을 해석하고 풀어내는 창의적인 혁신을 촉진하는 마인드셋이다. 관찰·공감을 통해 자신과 상대방을 이해하고 협력을 통해 다양한 대안을 찾는 확산적 사고(divergent thinking)와 다수의 해결책 중에서 가장 적합한 것을 찾는 수렴적 사고(convergent thinking)의 반복을 통해 창의적으로 문제를 해결할 수 있는 방법을 체득할 수 있다.

(2) 마인드맵(Mind Map)

마인드맵은 "생각의 지도"라는 뜻으로 마음속에 지도를 그리듯이 줄거리를 이해하며 정리하는 방법이다.

핵심 단어를 중심으로 거미줄처럼 사고가 파생되고 확장되어가는 과정을 확인하고, 자신이 알고 있는 것을 동시에 검토하고 고려할 수 있는 일종의 시각화된 브레인스토밍이다.

마인드맵은 유기적으로 연결되는 일련의 생각을 훌륭하게 상기시켜 주며 기억력, 사고력, 창의력 향상에 효과가 있다.

(3) 트리즈(TRIZ)

트리즈는 "창의적 문제 해결(Teoriya Resheniya Izobretatelskikh Zadach)"이라는 러

시아어의 줄임말로 주어진 문제에 대하여 얻을 수 있는 가장 최선의 결과를 정의하고, 그 결과를 얻는데 방해가 되는 모순을 찾아내어 그 모순을 극복할 수 있는 해결책을 얻을 수 있도록 하는 체계적 방법에 대한 이론이다.

2. 산학연계형 캡스톤 디자인 과정 운영 및 활용 사례

1) 캡스톤 디자인 수업 설계

구분	내 용
과제명	독거 어르신을 위한 도시락 개발 프로젝트
목적	식생활 환경이 취약한 저소득층 어르신을 대상으로 도시락 개발 프로젝트를 통해 메뉴 개발, 푸드 코디네이션 기획 및 영양·위생 교육용 자료를 제작하여 배달 도시락의 질적 향상 및 건강한 노후 생활을 영위할 수 있도록 한다.
수업 구성	대상자: 식품영양과 3학년
	구분: 전공 선택
	학점/시간: 2(2)
	성적평가: 절대평가(A+~A등급 구간만 30% 이내)
	지도교수: 한은숙
	산업체 인사: 5인(참여 산업체 1인, 산업체 멘토 4인)
수업 목표	• 독거 어르신의 특성을 고려하여 도시락 메뉴를 개발하고 표준 레시피 작성 및 다양한 조리법을 활용하여 배달 도시락을 제조할 수 있다. • 노인 도시락 메뉴에 적합한 푸드 코디네이션을 기획하여 음식의 특질을 살리고 맛과 멋이 담긴 도시락을 개발할 수 있다. • 독거 어르신의 건강을 위한 노인 질환별 맞춤형 도시락 개발과 영양 교육용 자료 제작 및 활용으로 노인의 자가 영양관리 및 식생활 개선을 도모한다. • 독거 어르신을 위한 도시락 개발 프로젝트를 통해 창의적인 아이디어를 개발하고 도시락 결과물 완성을 통해 산업 현장에서 필요한 전문 기술의 습득 및 실무 능력을 향상시킨다.

수업 운영	• 캡스톤 디자인은 푸드 코디네이션 교과목 이수자 및 졸업반 학생들이 수강하는 것을 원칙으로 한다. • 캡스톤 디자인 운영 절차는 과제 신청, 과제 선정, 사업 실시. 결과보고 순으로 이루어진다. • 캡스톤 디자인은 5명 내외로 팀을 구성하고 산업체 인사를 선정한다. • 학생들은 담당교수의 강의계획표에 맞춰 캡스톤 디자인 아이디어 개발 등 모든 과정을 학생들 스스로 참여하도록 한다. • 프로젝트 수행 시 노인 도시락 메뉴 개발, 푸드 코디네이션 기획, 노인 질환별 영양·위생교육 자료 및 동영상 제작 등에 도움이 될 수 있도록 산업체 인사 멘토링을 시행하고 팀별로 최종 결과물을 완성한다. • 캡스톤 디자인 종료 후에는 최종결과물 전시 및 결과 보고서를 작성한다. • 캡스톤 디자인의 교수학습 방법은 이론 강의, 실습, 발표 및 토론 등으로 진행한다. • 학생들의 성적은 포트폴리오, 평가자 체크리스트, 구두발표, 프로젝트의 최종 결과물 등을 절대 평가한다.
기대효과	• 학생들은 캡스톤 디자인의 프로젝트를 수행하는 동안 제한된 경비와 조건 내에서 아이디어 도출, 재료 구입 및 스스로 최종 결과물을 만들어가는 과정을 통해 모든 측면을 고려할 수 있는 통합적 기술 인력을 양성할 수 있다 • 캡스톤 디자인은 산업 현장의 실제적인 문제를 접할 수 있는 기회를 제공하고 팀워크, 리더십 및 의사소통 능력을 향상시킨다. • 전공 직무와 관련된 프로젝트는 학습자의 역할을 인식하여 자율학습 능력을 배양하고 결과물(Outcome)이 제시되기 때문에 학습 성취감을 높일 수 있다. • 산업체 인사 멘토링 등 산학 네트워크 구축을 통한 실무 역량 강화와 향후 진로 및 취업을 대비할 수 있다.

(1) 캡스톤 디자인 지원 신청

캡스톤 디자인 수업에 참여하는 학생들은 4~5명씩 팀을 구성하고 지원신청서와 과제수행계획서를 작성, 제출한다.

캡스톤 디자인의 운영 유형이 산학 연계형인 경우에는 참여할 산업체를 선정한 후, 참여 산업체 신청서를 작성한다

캡스톤 디자인 지원신청서

팀 명					
과 제 명					
과제유형	■ 산학연계형 □ 전공심화형				
소 속	배화여자대학교 과				
수 업	학 기	20 년 학기		과목명	
지도교수	학 과 명			성 명	
	E-mail			연락처	
구 분	성 명	학년	학 번	연락처(H.P)	E-mail
팀 장					
팀 원					
참여 산업체 (산학연계형)	산업체명			담당자명	
	연락처(H.P)			E-mail	
	주 소				

201 - 학기 캡스톤디자인 과제 신청서를 제출합니다.

20 년 월 일

팀 장 : (서명/인)

담당교수 : (서명/인)

자료 : 배화여자대학교

[그림 9-1] 캡스톤 디자인 지원신청서 서식

캡스톤 디자인 과제 수행계획서

팀 명	
과제명	
기 간	
1. 과제 수행 목표 및 배경	
2. 과제 수행 내용 및 방법	
3. 과제 수행 일정	

주차	수행 계획	비고
1주		
2주		
3주		
4주		
5주		
6주		
7주		
8주		
9주		
10주		
11주		
12주		
13주		
14주		
15주		

위와 같이 수행계획서를 제출 합니다.

20 년 월 일

담당교수 성명 : (서명/인)

[그림 9-2] 캡스톤 디자인 과제 수행계획서 서식

캡스톤 디자인 참여 산업체 신청서

<table>
<tr><td rowspan="4">산업체
참여인력</td><td>산업체명</td><td></td><td>대표이사
성　명</td><td></td></tr>
<tr><td>사업자
번호</td><td></td><td>업　종</td><td></td></tr>
<tr><td>산업체전문가
성 명</td><td></td><td>직　위</td><td></td></tr>
<tr><td>휴대전화</td><td></td><td>회사
연락처</td><td></td></tr>
<tr><td colspan="5">위의 캡스톤 디자인 신청서를 제출합니다.

20　년　월　일

산업체전문가:　　　(서명/인)</td></tr>
</table>

[그림 9-3] 캡스톤 디자인 참여 산업체 신청서 서식

(2) 캡스톤 디자인의 강의 계획표

캡스톤 디자인 수업에 참여하는 학생들에게 주차별 강의 및 산출물 등의 내용을 제시하여 팀 프로젝트 수행에 도움이 될 수 있도록 한다.

[표 9-1] 캡스톤 디자인의 강의 계획표

<table>
<tr><th>구분</th><th>강의</th><th>산출물</th><th>비고</th></tr>
<tr><td>1주</td><td>캡스톤 디자인 오리엔테이션
- 캡스톤 디자인의 개요
- 캡스톤 디자인의 과제 선정</td><td>- 프로젝트 팀 구성 및 역할 분담표</td><td>- 지도교수 강의</td></tr>
<tr><td>2주</td><td>캡스톤 디자인 수업 설계
- 과제 수행 계획 수립
- 참여 산업체 선정</td><td>- 캡스톤 디자인 지원신청서
- 캡스톤 디자인 과제 수행 계획서
- 캡스톤 디자인 참여 산업체 신청서</td><td>- 지도교수 강의</td></tr>
<tr><td>3주</td><td>캡스톤 디자인 운영(정보수집)
- 노인의 식생활 환경 분석
- 노인 도시락의 배달 현황</td><td>- 노인의 식생활 환경 분석에 관한 팀별 발표자료</td><td>- 산업체 전문가 특강
- 팀별 발표
- 팀티칭</td></tr>
<tr><td>4주</td><td>캡스톤 디자인 운영(아이디어 도출)
- 팀별 콘셉트 선정
- 콘셉트별 아이디어 기획</td><td>- 팀별 콘셉트 및 아이디어 기획안</td><td rowspan="4">- 팀별 아이디어 디자인 싱킹
- 팀티칭
- 산업체 인사 멘토링</td></tr>
<tr><td>5주</td><td>캡스톤 디자인 운영(아이디어 도출)
- 도시락의 메뉴 분석
- 노인 도시락(일반, 특식, 밑반찬, 노인질환별)의 메뉴 개발
- 콘셉트별 식단 및 레시피 작성</td><td>- 도시락 메뉴 인덱스
- 콘셉트별 식단 및 레시피 작성</td></tr>
<tr><td>6주</td><td>캡스톤 디자인 운영(아이디어 도출)
- 도시락의 푸드 코디네이션 분석
- 노인 도시락의 푸드 코디네이션 기획</td><td>- 푸드 코디네이션 기획안</td></tr>
<tr><td>7주</td><td>캡스톤 디자인 운영(아이디어 도출)
- 노인 영양·위생 교육용 브로슈어 디자인 시안 작성
- 동영상 컨텐츠 기획 및 콘티 작성</td><td>- 영양·위생 교육용 브로슈어 디자인 시안
- 동영상 콘티</td></tr>
</table>

8주	중간평가 - 팀별 프로젝트 운영결과 보고 및 발표	- 캡스톤 디자인 운영 중간보고서 - PPT 발표자료	- 지도교수 중간평가
9주	캡스톤 디자인 운영(아이디어 개발) - 노인 도시락(일반, 특식, 밑반찬, 노인질환별) 음식 조리법 개발	- 식품구매요구서 - 조리계획표	- 팀별 아이디어 디자인 싱킹 - 팀티칭 - 산업체 인사 멘토링
10주	캡스톤디자인 운영(아이디어 개발) - 노인 도시락(일반, 특식, 밑반찬, 노인질환별)의 푸드 코디네이션 디자인	- 도시락의 푸드 스타일링 및 setting 디자인	
11주	캡스톤 디자인 운영(아이디어 개발) - 노인 영양·위생 교육용 브로슈어 제작	- 팀별 노인 영양·위생 교육용 브로슈어	
12주	캡스톤 디자인 운영(아이디어 개발) - 동영상 컨텐츠 개발 - 동영상 촬영	- 프로젝트 운영 관련 사진 - 동영상 제작물	
13주	캡스톤 디자인 운영(아이디어 개발) - 노인 도시락(일반, 특식, 밑반찬) 시제품 제조 - 노인 도시락(일반, 특식, 밑반찬, 노인 질환별)의 식단표, 조리법 및 푸드 코디네이션 최종안 작성 - 영양·위생 교육용 브로슈어 시제품 제작 - 동영상 데모 제작 - 품평회	- 관능평가표 및 품평회 결과표 - 노인 도시락 식단표, 조리법 및 푸드 코디네이션 아이디어 개발 최종안 - 동영상 데모	- 팀별 발표 - 산업체 인사 멘토링 - 평가자 체크리스트
14주	캡스톤 디자인 최종 결과물 - 노인 도시락(일반, 특식, 밑반찬, 노인질환별) 제조 - 노인 영양·위생 교육용 브로슈어 및 동영상 최종 결과물 제작 - 전시회	- 최종 결과물 - 동영상 발표 - 전시 포스터, 소품 및 팸플릿	- 전시 및 팀별 발표
15주	캡스톤 디자인 평가 및 피드백 - 캡스톤 디자인 최종보고서 작성 - 만족도 조사 및 피드백	- 포트폴리오 - 만족도 조사 - 결과보고서 및 기타 증빙자료	- 지도교수 최종 평가 - 피드백

2) 캡스톤 디자인의 운영

캡스톤 디자인은 프로젝트와 관련된 정보 수집, 아이디어 개발, 시제품 제작, 최종 결과물&전시, 평가 및 피드백 등의 절차로 운영된다.

[표 9-2] 캡스톤 디자인의 운영 절차

절차	정보 수집	아이디어 도출	아이디어 개발	최종 결과물& 전시	평가 및 피드백
내용	·사회환경 변화 ·노인영양의 문제점 ·노인 도시락 배달 현황	·팀별 콘셉트 선정 ·도시락의 메뉴 분석 및 개발 ·도시락의 푸드 코디네이션 분석 및 기획 ·노인 영양·위생 교육용 자료 조사 및 브로슈어 디자인 시안 ·동영상 콘티 작성	·도시락 시제품 제작 ·노인 질환별 맞춤형 도시락 시제품 제작 ·도시락 푸드 코디네이션 디자인 ·영양 및 위생 교육용 브로슈어 시제품 제작 ·동영상 데모	·일반식, 특식 및 밑반찬 도시락 및 푸드 코디네이션 ·노인 질환별 맞춤형 도시락 및 푸드 코디네이션 ·영양·위생 교육용 브로슈어 ·동영상 제작물 ·캡스톤 디자인 전시회	·포트폴리오 ·결과보고서 및 기타 증빙 자료 ·만족도 조사
수업 방식	·산업체 전문가 특강 ·팀별 발표 ·팀티칭	·팀별 아이디어 디자인 싱킹 ·팀티칭 ·산업체 인사 멘토링	·품평회 ·팀별 평가 및 발표 ·산업체 인사 멘토링 ·지도교수 평가	·전시 및 팀별 발표	·지도교수 최종 평가 ·피드백

(1) 프로젝트 관련 정보수집

① 환경 분석

최근 우리나라의 사회 환경 변화와 영양 실태 등 노인들의 식생활 환경을 분석한다. 그리고 조사한 자료는 독거 어르신을 위한 도시락 개발의 필요성을 인식하고 팀별 발표를 통해 다양한 정보를 공유하도록 한다.

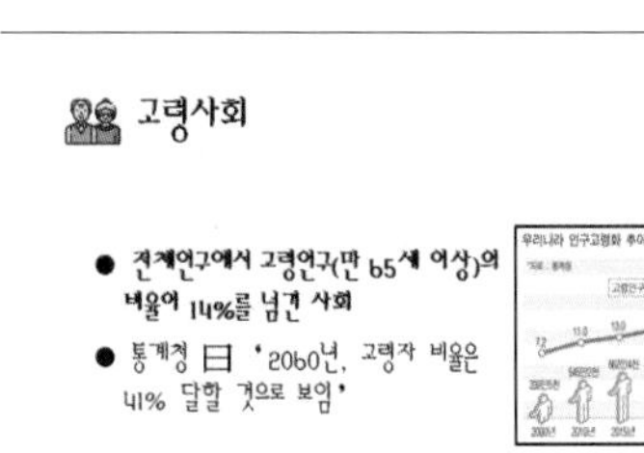

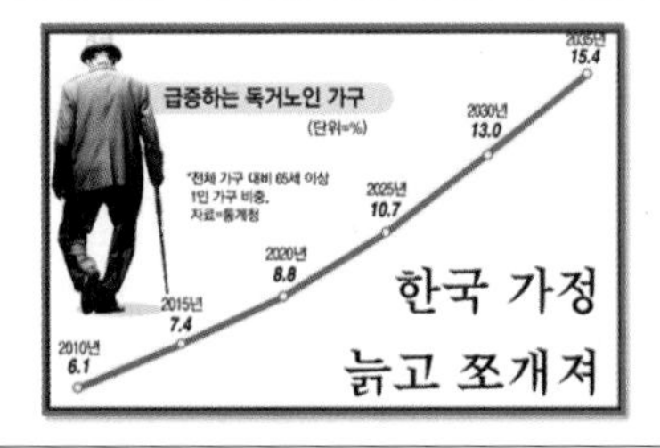

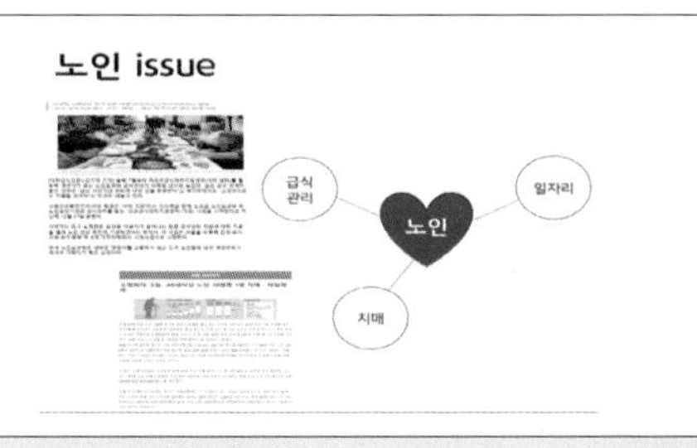

사회환경 변화

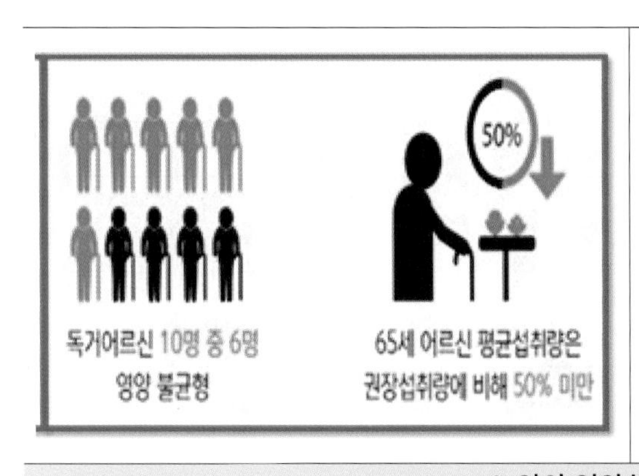

자료: 보건복지부, 대한의학회

노인의 영양실태

[그림 9-4] 노인들의 식생활 환경 분석

② 노인 도시락 배달 현황

학생들을 대상으로 노인종합복지관에서 배달 도시락 관련 업무를 담당하고 있는 캡스톤 디자인의 참여 산업체 전문가를 초청하여 특강을 실시한다. 주요 내용은 독거 어르신들께 제공하고 있는 배달 도시락의 종류, 대상 및 인원, 제작처, 식단 선정, 배달 주기, 전달 체계, 배달시간 및 지원처 등에 관한 것으로 학생들은 특강을 통해 최근 현황을 파악하고 팀별 프로젝트 운영을 위한 자료로 활용할 수 있다.

[표 9-3] 노인 도시락 배달 현황

구분	노인종합복지관
배달식 종류	·식사 배달 : 밥, 국, 3찬 (일반식)
	·밑반찬 : 5찬 내외
대상 및 인원	·식사 배달 지역사회 65세 이상 거동 불편으로 경로식당을 이용할 수 없는 저소득 어르신(기초생활수급자 및 차상위 계층 어르신) ·밑반찬 만 65세 이상 독거 어르신 중 거동 불편으로 경로식당을 이용할 수 없으나 가정에서 직접 조리 가능한 어르신(기초생활수급자 및 차상위계층, 저 소득 어르신) ·인원 100명 내외
제작처	·복지관 및 외부 위탁(사회적 기업 등) 제작
식단 선정	·복지관 또는 사회적 기업 영양사 식단 작성 후, 월 1회 식단 회의 및 조정 (부장 및 부서장, 영양사, 식사 배달 및 무료 급식 담당자) ·일요일은 조리식, 그 외 공휴일은 완제품으로 선정
배달 주기	·식사 배달 주 5회 (월~금 배달, 금요일 배달 시 주말 식사 포함 4식 배달) ·밑반찬 주 2회
전달 체계	·대상자 가정 방문 통한 배달 (복지관 및 거점지역을 통한 1:1배달)
배달 시간	·조리 후 복지관 도착 : 1시간 이내 ·어르신 가정 배달 : 10분 ~ 2시간 30분 (10:00~12:30내 전체 대상자 배달 실시)
지원처	·중식 및 밑반찬 : 정부보조금 ·석식 - 후원금

(2) 아이디어 도출

① 팀별 콘셉트 선정

팀 명	내용
춘하팀 춘하는 봄과 여름의 생동감을 의미하며 어르신들을 위해 다가오는 계절에 설렘과 열정이 담긴 도시락 개발	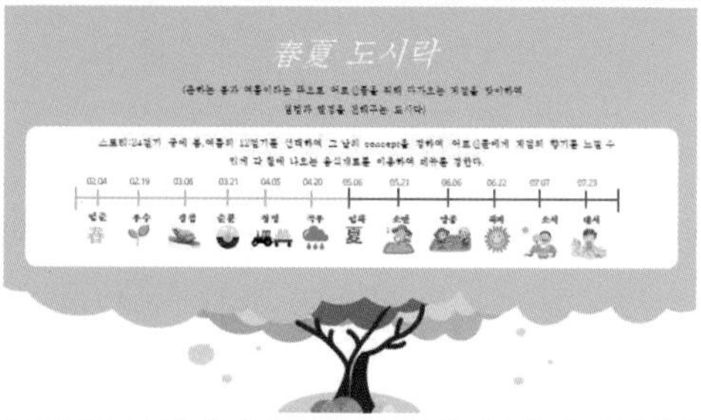

단오팀 1년마다 있는 특별한 날인 '단' 한 번의 '오'늘을 위한 정성이 듬뿍 담긴 테마 도시락 개발	생신  복날  성탄절  설날 
사랑 전도사팀 노인들의 외로움을 덜어주기 위해 재미 요소를 찾아낼 수 있는 사랑이 가득 담긴 도시락 개발	도시락은 사랑을 싣고 ♥ 외로움을 많이 느끼는 노년층의 외로움을 조금이라도 덜어내고자 만든 사랑 가득한 도시 ♥ 사랑을 주제로 한 도시락으로 인해 재미요소를 찾아낼 수 있도록, 메뉴에 하트 모양의 음식을 부분적으로 포함한 
이만갑팀 노년기의 행복한 삶을 위해 건강과 따뜻한 사랑을 전해 드릴 수 있는 도시락 개발	"건강" 이 제 만 나러 갑 니다 도시락과 함께 건강과 사랑을 전해드리러 갑니다. 
행복 보자기팀 도시락을 통해 먹는 즐거움, 기다림과 만남의 행복을 추구하고 귀한 것을 대접하는 도시락 개발	幸福 행복보자기 행복 : 먹는 것의 행복 & 기다림과 만남의 행복 보자기 : 귀한 것을 대접함

[그림 9-5] 팀별 콘셉트

② 배달 도시락의 메뉴 분석

서울시 노인종합복지관에서 시행하고 있는 배달 도시락 및 급식 식단표 등을 조사한 후, 메뉴, 영양 및 조리법 등을 분석한다.

식사배달서비스 식단표

주	구분	월	화	수	목	금	토	일
첫째주	중식			1 기장밥 건새우무국 닭가슴살볶음 건파래무침 배추김치	2 흑미밥 감자수제비국 동글어묵조림 열무된장무침 배추김치	3 보리밥 근대된장국 제육볶음 가지양파볶음 배추김치	4 차조밥 쇠고기미역국 고등어조림 도시락김 배추김치	5 차조밥 쇠고기미역국 고사리무나물 고추지무침 배추김치
	열량			535kcal	547kcal	573.5kcal	521kcal	486kcal
	석식			1 기장밥 두부고추장국 도토리묵&양념장 연근땅콩조림 배추김치	2 차조밥 유부쑥갓국 고비볶음 상추겉절이 배추김치	3 흑미밥 참치우거지탕 계란감자조림 쥐어채볶음 배추김치	4 차조밥 무채된장국 두부조림 느타리버섯볶음 배추김치	5 차조밥 무채된장국 모듬묵김가루무침 콩나물무침 배추김치
	열량			521.8kcal	495kcal	512kcal	524kcal	483kcal
주	구분	월	화	수	목	금	토	일
둘째주	중식	6 보리밥 육개장 어묵양파볶음 시금치된장무침 배추김치	7 차조밥 오징어무국 감자멸치조림 부추양파무침 배추김치 특식-감자탕	8 기장밥 계란국 돈육짜장불고기 오복채무침 배추김치	9 수수밥 배추된장국 실오징어채볶음 얼갈이나물무침 배추김치	10 흑미밥 북어채콩나물국 건새우무조림 가지나물 배추김치	11 기장밥 청국장찌개 어묵볶음 미나리무침 배추김치	12 기장밥 청국장찌개 열무나물 멸치고추볶음 배추김치
	열량	583kcal	541kcal	557kcal	537.3kcal	596.4kcal	533.1kcal	647.5kcal
	석식	6 수수밥 무다시마국 계란스크램블 오이부추무침 배추김치	7 보리밥 순두부된장국 꽁치구이 무나물 배추김치	8 흑미밥 참치미역국 두부조림 숙주나물 배추김치 특식-소불고기	9 보리밥 종합어묵국 호박팽이볶음 도라지무침 배추김치	10 차조밥 동태찌개 닭감자조림 오이락교무침 배추김치	11 기장밥 시금치고추장국 조기구이 도시락김 배추김치	12 기장밥 시금치고추장국 오징어볶음 마늘쫑치무침 배추김치
	열량	554.6kcal	523.3kcal	543kcal	517kcal	556kcal	544kcal	536.5kcal

날짜	요일	수량	단가	내용
1월 1일	화	17	4,000	오)소고기카레,햇반,도시락용김(완제품)
1월 2일	수	17	4,000	돈불고기,미역줄기볶음,오이지,배추김치,흑미밥,어묵국
1월 3일	목	16	4,000	한입돈까스,콘슬로우,무짠지채무침,배추김치,기장밥,미역국
1월 4일	금	16	4,000	제육볶음,새송이버섯볶음,짜사이,배추김치,보리밥,시래기된장국
1월 5일	토	16	4,000	햇반,오)설렁탕(완제품),도시락용김,
1월 6일	일	16	4,000	햇반,무짠지채무침,김자반,단팥빵
1월 7일	월	16	4,000	미트볼,양상추겉절이,마늘종무침,배추김치,백미밥,콩나물국
1월 8일	화	16	4,000	고등어구이,시금치나물,오복채,배추김치,기장밥,유부된장국
1월 9일	수	16	4,000	제육볶음,미역초무침,깻잎절임,배추김치,흑미밥,배추된장국
1월 10일	목	16	4,000	칠리돈육탕수,동부묵부추무침,단무지부추무침,배추김치,백미밥,어묵국
1월 11일	금	16	4,000	오징어돈육볶음,숙주나물,우엉조림,배추김치,기장밥,미역국
1월 12일	토	16	4,000	오)단팥죽(완제품),도시락용김
1월 13일	일	16	4,000	햇반,무생채,깻잎절임,야쿠르트(65ml 5개)
1월 14일	월	16	4,000	교자만두튀김,고구마순볶음,오이지,배추김치,보리밥,콩나물국
1월 15일	화	16	4,000	돈육짜장볶음,치커리야채무침,짜사이,배추김치,흑미밥,시래기된장국
1월 16일	수	16	4,000	함박스테이크,콘슬로우,오복채,배추김치,기장밥,배추된장국
1월 17일	목	16	4,000	조기구이,콩나물무침,오이지,배추김치,흑미밥,어묵국
1월 18일	금	16	4,000	제육볶음,새송이버섯볶음,깻잎절임,배추김치,현미밥,미역국
1월 19일	토	16	4,000	오)옛날사골곰탕,햇반,도시락용 김,

	1월1일(화)	생신 상차림	1월3일(목)	1월4일(금)	1월5일(토)
		잡곡밥 조갯살미역국 소불고기 양배추찜•쌈장 과일야채샐러드 배추김치 760kcal	쌀밥&누룽지탕 참치김치찌개 안동찜닭 애호박느타리볶음 고구마샐러드 깍두기 725kcal	쌀밥 소고기육개장 청포묵야채무침 어묵볶음 그린샐러드•드레싱 배추김치 732kcal	열무비빔밥 된장찌개 계란후라이 배추김치 642kcal
1월7일(월)	1월8일(화)	1월9일(수)	1월10일(목)	1월11일(금)	1월12일(토)
잡곡밥 해물순두부찌개 간장불고기 도토리묵무침 감자샐러드 깍두기 731kcal	쌀밥 소고기무국 오징어야채볶음 숙주미나리무침 양념깻잎지 배추김치 716kcal	쌀밥 부대찌개&누룽지탕 메추리알버섯장조림 시금치나물 연근흑임자샐러드 깍두기 689kcal	잡곡밥 감자양파국 돈사태김치찜 미역줄기당근볶음 볼어묵조림 깍두기 719kcal	쌀밥 동태알탕 함박스테이크•소스 오징어젓무침 양배추샐러드 배추김치 690kcal	떡만두국 쌀밥 토마토샐러드 배추김치 659kcal
1월14일(월)	1월15일(화)	1월16일(수)	1월17일(목)	1월18일(금)	1월19일(토)
잡곡밥 무시래기국 닭두리탕 한식잡채 오복지양파무침	쌀밥 콩나물두부국 갈치무조림 베이컨감자채볶음 오이부추무침	쌀밥 콩비지찌개&누룽지탕 훈제오리야채볶음 새콤무쌈•부추겉절이 감자조림	잡곡밥 근대국 제육볶음 탕평채 다시마튀각	자장덮밥 짬뽕국 탕수육•소스 단무지 배추김치	잔치국수 유부초밥 단호박유자샐러드 배추김치

6	9
우불고기 계란스크램블 시금치된장무침 건파래무침 배추김치	코다리조림 호박팽이볶음 실오징어채볶음 도라지생채무침 배추김치
월	목
13	16
돈장조림 브로컬리맛살볶음 취나물무침 콩자반 배추김치 특식-소불고기	꽁치조림 가지양파볶음 진미채야채무침 새송이버섯볶음 배추김치
월	목
20	23
닭가슴살볶음 참치야채볶음 숙주나물 마늘쫑고추장무침 배추김치	갈치구이 시금치된장무침 알감자조림 콩나물무침 배추김치 특식-감자탕

자료 : 서울시립용산노인종합복지관, 서울은평구립갈현노인복지관

[그림 9-6] 도시락 식단

③ 도시락의 푸드 코디네이션 분석

현재 시판되고 있는 도시락, 노인종합복지관의 배달용 도시락, 노인종합복지관의 납품 도시락 및 노인종합복지관 배달용 밑반찬 등 관련 자료를 수집한 후, 푸드 스타일링, 용기 및 세팅방법 등을 분석한다.

편의점 시판 도시락

노인종합복지관 배달용 도시락

일반도시락

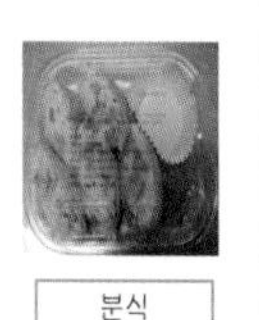

분식

스페셜도시락

고급도시락

노인종합복지관 납품 도시락

자료 : 서울은평구립갈현노인복지관, CSC 푸드

노인종합복지관 배달용 밑반찬

[그림 9-7] 도시락의 종류 및 푸드 코디네이션

④ 노인 질환 및 영양·위생 교육용 자료 조사

노인의 질환별 맞춤형 도시락과 영양·위생 교육용 브로슈어를 제작하기 위하여 노인들에게 많이 발생하는 이상지질혈증, 당뇨병, 고혈압, 골다공증 질환별 식사요법과 예방법 및 식품위생관리에 필요한 개인위생, 식품 보관법, 냉장고 관리 등의 자료를 조사한다.

[표 9-4] 노인질환 및 식품위생관리 자료

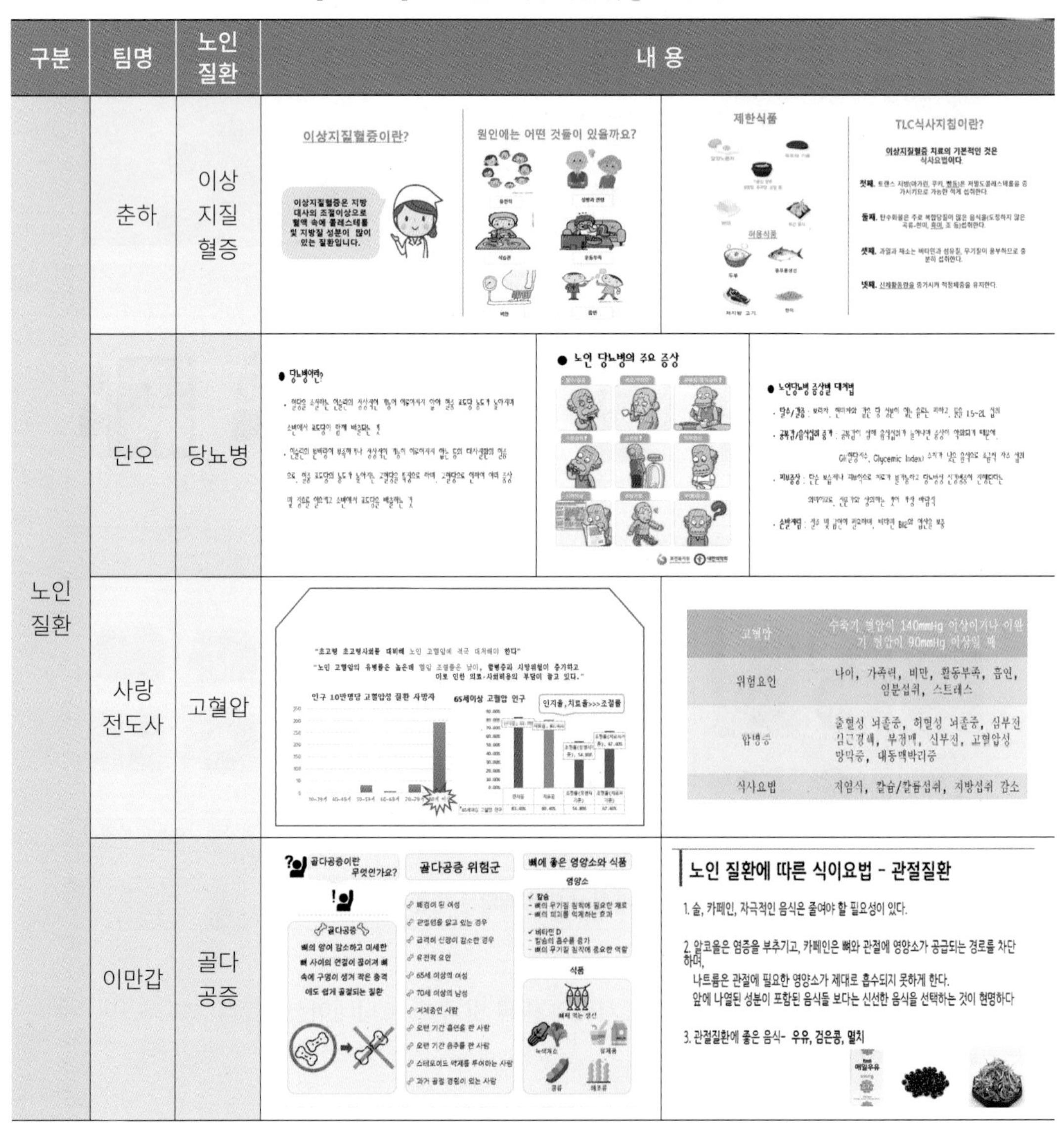

구분	팀명	노인 질환	내 용
노인 질환	춘하	이상 지질 혈증	
	단오	당뇨병	
	사랑 전도사	고혈압	
	이만갑	골다 공증	

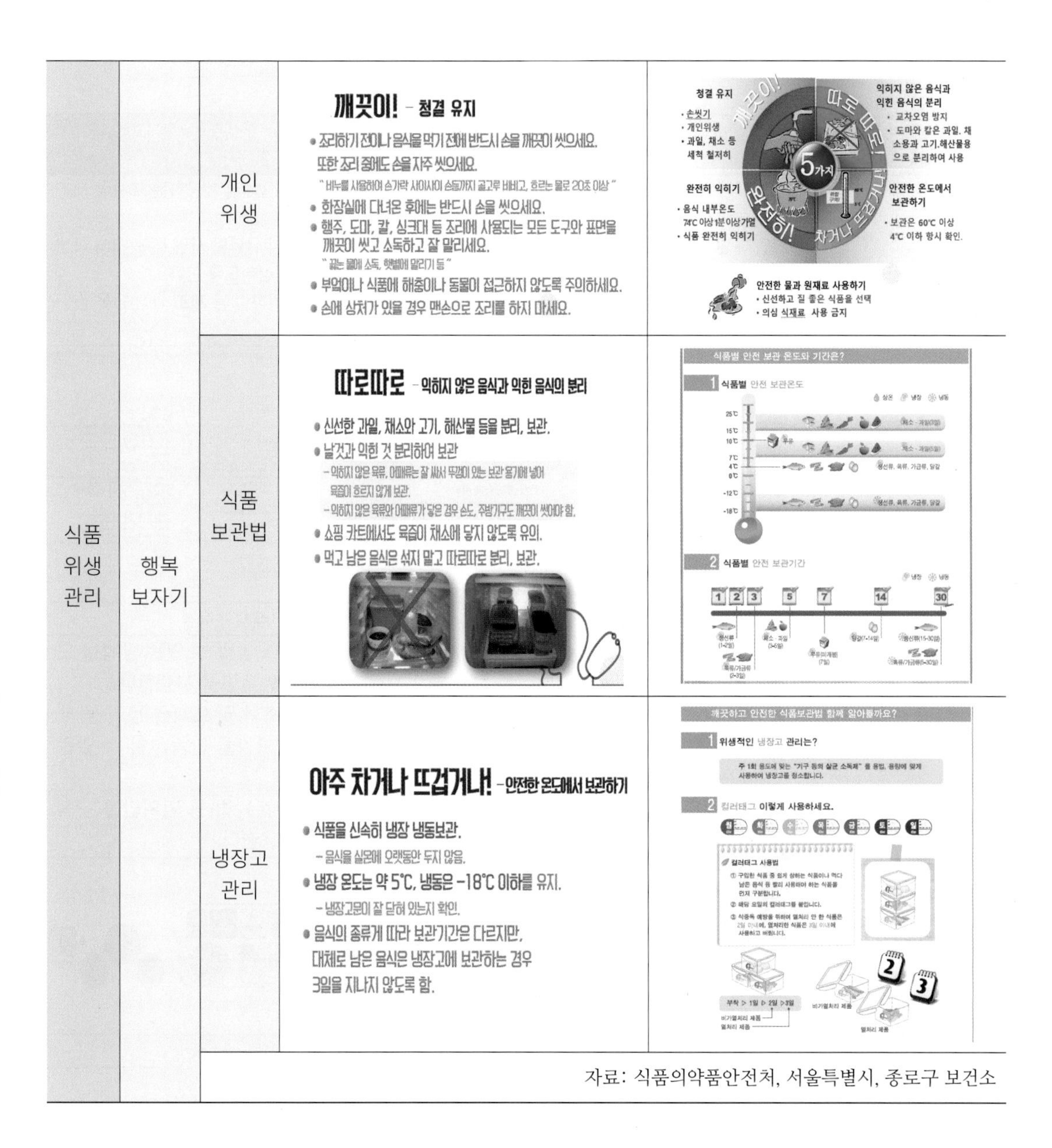

식품 위생 관리	행복 보자기	개인 위생	깨끗이! - 청결 유지 ● 조리하기 전이나 음식을 먹기 전에 반드시 손을 깨끗이 씻으세요. 또한 조리 중에도 손을 자주 씻으세요. "비누를 사용하여 손가락 사이사이 손등까지 골고루 비비고, 흐르는 물로 20초 이상" ● 화장실에 다녀온 후에는 반드시 손을 씻으세요. ● 행주, 도마, 칼, 싱크대 등 조리에 사용되는 모든 도구와 표면을 깨끗이 씻고 소독하고 잘 말리세요. "끓는 물에 소독, 햇볕에 말리기 등" ● 부엌이나 식품에 해충이나 동물이 접근하지 않도록 주의하세요. ● 손에 상처가 있을 경우 맨손으로 조리를 하지 마세요.	청결 유지 · 손씻기 · 개인위생 · 과일, 채소 등 세척 철저히 익히지 않은 음식과 익힌 음식의 분리 · 교차오염 방지 · 도마와 칼은 과일, 채소용과 고기, 해산물용으로 분리하여 사용 5가지 완전히 익히기 · 음식 내부온도 74℃ 이상 1분 이상 가열 · 식품 완전히 익히기 안전한 온도에서 보관하기 · 보관은 60℃ 이상 4℃ 이하 항시 확인. 안전한 물과 원재료 사용하기 · 신선하고 질 좋은 식품을 선택 · 의심 식재료 사용 금지
		식품 보관법	따로따로 - 익히지 않은 음식과 익힌 음식의 분리 ● 신선한 과일, 채소와 고기, 해산물 등을 분리, 보관. ● 날것과 익힌 것 분리하여 보관 - 익히지 않은 육류, 어패류는 잘 싸서 뚜껑이 있는 보관 용기에 넣어 육즙이 흐르지 않게 보관. - 익히지 않은 육류와 어패류가 닿은 경우 손도, 주방기구도 깨끗이 씻어야 함. ● 쇼핑 카트에서도 육즙이 채소에 닿지 않도록 유의. ● 먹고 남은 음식은 섞지 말고 따로따로 분리, 보관.	식품별 안전 보관 온도와 기간은? 1 식품별 안전 보관온도 2 식품별 안전 보관기간
		냉장고 관리	아주 차거나 뜨겁거나! - 안전한 온도에서 보관하기 ● 식품을 신속히 냉장 냉동보관. - 음식을 실온에 오랫동안 두지 않음. ● 냉장 온도는 약 5℃, 냉동은 -18℃ 이하를 유지. - 냉장고문이 잘 닫혀 있는지 확인. ● 음식의 종류게 따라 보관기간은 다르지만, 대체로 남은 음식은 냉장고에 보관하는 경우 3일을 지나지 않도록 함.	깨끗하고 안전한 식품보관법 함께 알아볼까요? 1 위생적인 냉장고 관리는? 2 컬러태그 이렇게 사용하세요.

자료: 식품의약품안전처, 서울특별시, 종로구 보건소

⑤ 산업체 인사 멘토링

학생들에게 팀 콘셉트별 노인 도시락 개발 및 도시락 푸드 코디네이션 기획, 노인 질환별 맞춤형 도시락 개발 및 영양·위생 교육용 브로슈어 제작, 동영상 촬영 등 팀별 프로젝트 수행에 필요한 아이디어를 도출할 수 있도록 산업체 인사 멘토링을 실시한다.

[표 9-5] 산업체 인사 멘토링

산업체 인사	멘토링 주제	내용
노인 도시락 선문 제조업체의 영양사	노인 도시락 메뉴 개발	· 학생들이 노인용 도시락 메뉴 개발에 도움이 될 수 있도록 독거 노인들에게 제공하는 도시락 제조업체 영양사를 산업체 인사로 선정하여 멘토링을 시행한다. · 산업체 인사는 노인 도시락의 메뉴 종류, 작성방법, 특징, 메뉴 작성 시 유의할 사항 등에 대해 학생 팀별로 멘토링을 실시하며 콘셉트에 알맞은 식단 및 표준 레시피를 작성하도록 한다. · 학생 팀별로 도시락 제조업체를 방문하여 노인용 도시락 메뉴 및 조리방법 등 제조 과정 등을 습득하고 메뉴 개발 시 활용하도록 한다. 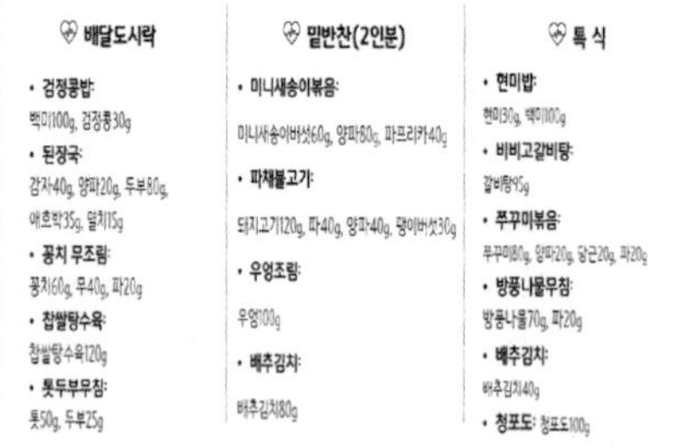 배달도시락 · 검정콩밥: 백미100g, 검정콩30g · 된장국: 감자40g, 양파20g, 두부80g, 애호박35g, 멸치15g · 꽁치 무조림: 꽁치60g, 무40g, 파20g · 찹쌀탕수육: 찹쌀탕수육120g · 톳두부무침: 톳50g, 두부25g 밑반찬(2인분) · 미니새송이볶음: 미니새송이버섯60g, 양파80g, 파프리카40g · 파채불고기: 돼지고기120g, 파40g, 양파40g, 팽이버섯30g · 우엉조림: 우엉100g · 배추김치: 배추김치80g 특 식 · 현미밥: 현미30g, 백미100g · 비비고갈비탕: 갈비탕95g · 쭈꾸미볶음: 쭈꾸미80g, 양파20g, 당근20g, 파20g · 방풍나물무침: 방풍나물70g, 파20g · 배추김치: 배추김치40g · 청포도: 청포도100g 도시락 식단 작성  표준 레시피 작성
푸드 코디네이터	도시락 푸드 코디네이션	· 노인 도시락 개발 시, 메뉴의 특징을 살리고 음식의 맛과 멋을 높일 수 있는 방법을 모색하기 위하여 푸드 코디네이터를 산업체 인사로 선정하여 멘토링을 시행한다. · 산업체 인사는 노인 도시락에 적합한 음식의 형태, 크기, 색조화 및 도시락 용기 등 푸드 코디네이션에 관한 멘토링을 실시하며 메뉴의 특성 및 오감을 만족시킬 수 있는 도시락을 개발하도록 한다. · 학생 팀별로 콘셉트에 맞는 도시락 푸드 스타일링과 setting 방법 등 기획안을 작성하고 도시락 용기는 노인복지관과 제조업체 등의 자료를 활용한다.  귀여운 돌고래 디자인으로 재미를 줄 수 있는 요소 / 음식을 하트모양으로 하여 사랑을 전하는 도시락 / 도시락 용기를 하트로 하여 사랑을 전하는 도시락 Food styling 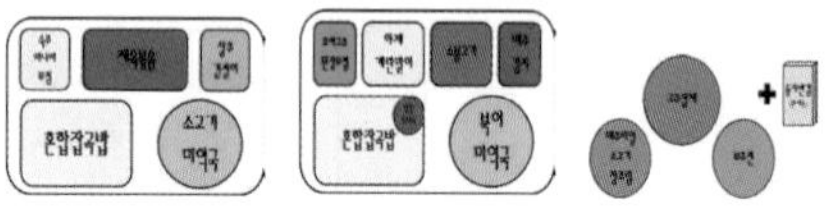 도시락 setting  도시락 용기
		· 학생들에게 노인 도시락 제조 시 메뉴별 음식 조리에 도움이 될 수 있도록 노인 복지관에서 도시락을 제조하는 전문조리사를 산업체 인사로 선정하여 멘토링을 시행한다. · 산업체 인사는 노인 음식 조리법 등에 관한 멘토링을 실시하여 학생들에게 도시락의 맛과 영양을 높일 수 있는 효율적인 제조방법을 습득하도록 한다. · 학생 팀별로 도시락 메뉴에 알맞은 조리법 및 저염, 저칼로리 조리법의 활용방안을 모색한다.

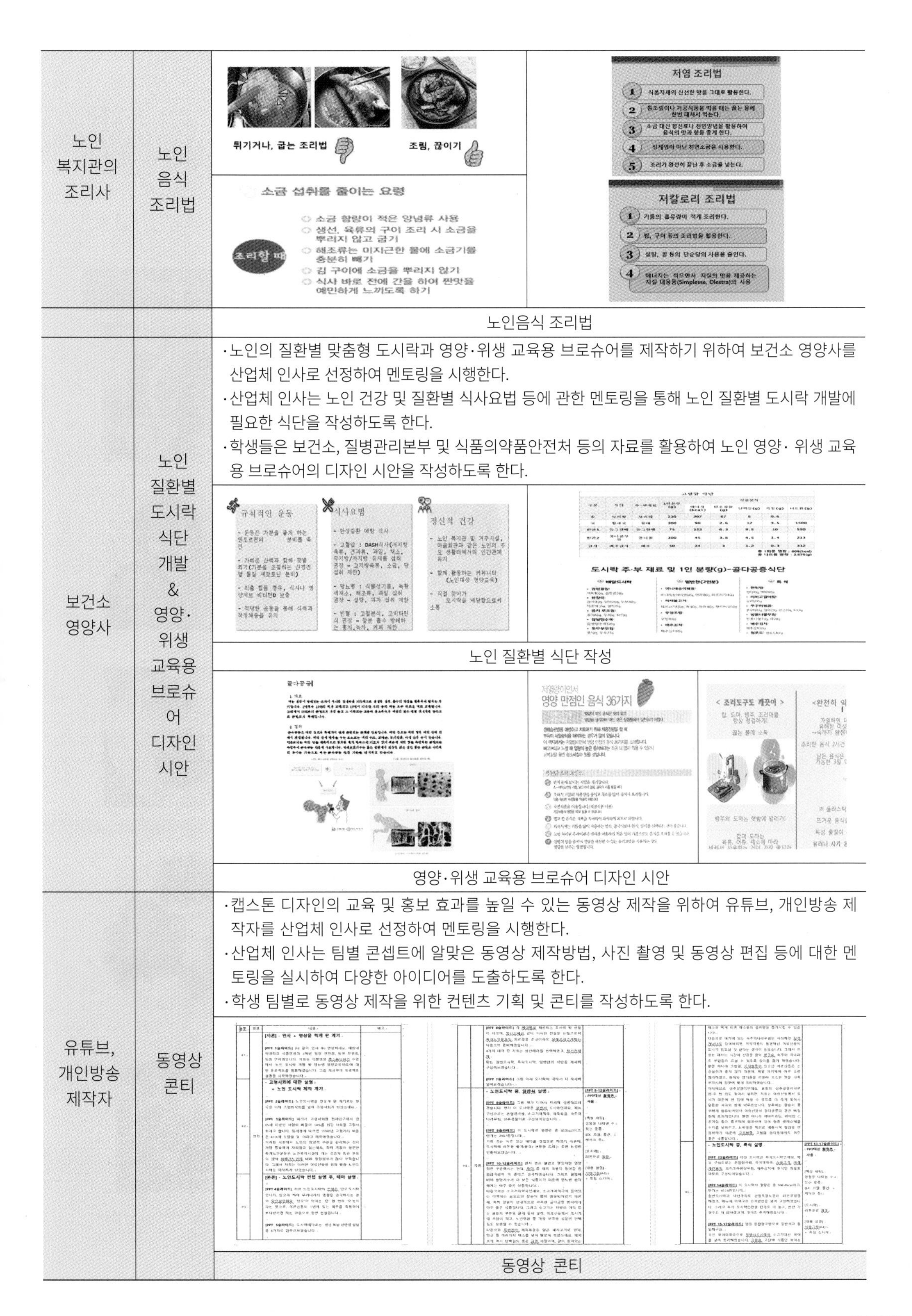

노인 복지관의 조리사	노인 음식 조리법	노인음식 조리법
보건소 영양사	노인 질환별 도시락 식단 개발 & 영양·위생 교육용 브로슈어 디자인 시안	·노인의 질환별 맞춤형 도시락과 영양·위생 교육용 브로슈어를 제작하기 위하여 보건소 영양사를 산업체 인사로 선정하여 멘토링을 시행한다. ·산업체 인사는 노인 건강 및 질환별 식사요법 등에 관한 멘토링을 통해 노인 질환별 도시락 개발에 필요한 식단을 작성하도록 한다. ·학생들은 보건소, 질병관리본부 및 식품의약품안전처 등의 자료를 활용하여 노인 영양· 위생 교육용 브로슈어의 디자인 시안을 작성하도록 한다. 노인 질환별 식단 작성 영양·위생 교육용 브로슈어 디자인 시안
유튜브, 개인방송 제작자	동영상 콘티	·캡스톤 디자인의 교육 및 홍보 효과를 높일 수 있는 동영상 제작을 위하여 유튜브, 개인방송 제작자를 산업체 인사로 선정하여 멘토링을 시행한다. ·산업체 인사는 팀별 콘셉트에 알맞은 동영상 제작방법, 사진 촬영 및 동영상 편집 등에 대한 멘토링을 실시하여 다양한 아이디어를 도출하도록 한다. ·학생 팀별로 동영상 제작을 위한 컨텐츠 기획 및 콘티를 작성하도록 한다. 동영상 콘티

(3) 캡스톤 디자인 아이디어 개발

① 시제품 제작

팀별로 개발한 노인 도시락(일반, 특식, 밑반찬)은 시제품을 제작하며 산업체 인사의 조리지도 멘토링을 통해 메뉴의 특징을 살리고 맛 효과를 높인다.

팀명	일반 도시락	특식 도시락	밑반찬 도시락
춘하			
단오			
사랑 전도사			
이만갑			
행복 보자기		  	

[그림 9-8] 노인 도시락 시제품(예시)

② 품평회

시제품은 학생, 산업체 인사 및 지도교수와 품평회를 실시하며 평가 결과를 바탕으로 노인 도시락의 식단, 조리법, 푸드 코디네이션, 영양·위생 교육용 브로슈어 디자인, 동영상 데모 파일 등은 수정, 보완한다.

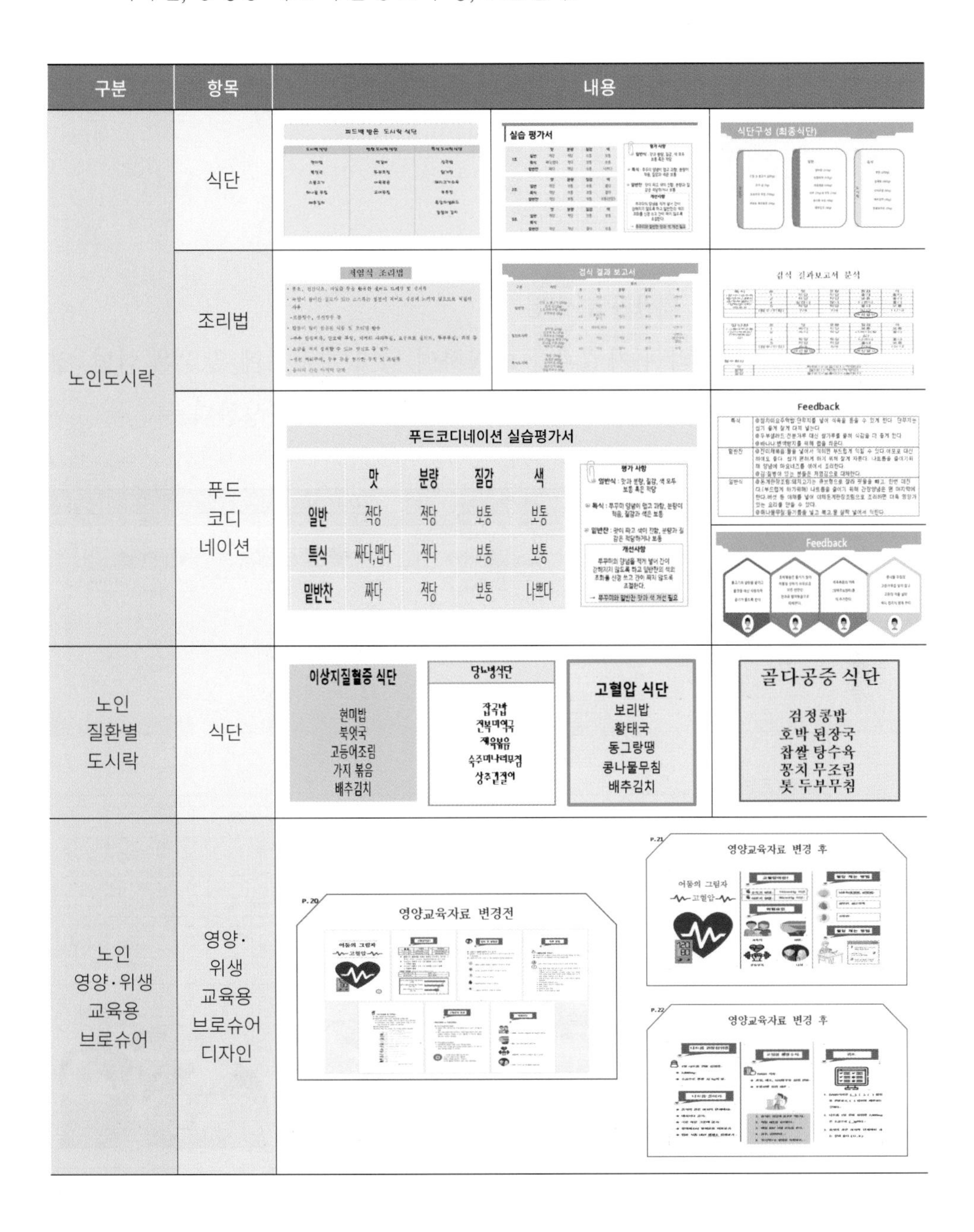

구분	항목	내용
노인도시락	식단	피드백 받은 도시락 식단 / 실습 평가서 / 식단구성 (최종식단)
	조리법	저염식 조리법 / 검식 결과 보고서 / 검식 결과보고서 분석
	푸드 코디네이션	푸드코디네이션 실습평가서 구분 / 맛 / 분량 / 질감 / 색 일반 / 적당 / 적당 / 보통 / 보통 특식 / 짜다,맵다 / 적다 / 보통 / 보통 밑반찬 / 짜다 / 적당 / 보통 / 나쁘다 Feedback
노인 질환별 도시락	식단	이상지질혈증 식단: 현미밥, 북엇국, 고등어조림, 가지 볶음, 배추김치 당뇨병식단: 잡곡밥, 전복미역국, 제육볶음, 숙주미나리무침, 상추겉절이 고혈압 식단: 보리밥, 황태국, 동그랑땡, 콩나물무침, 배추김치 골다공증 식단: 검정콩밥, 호박 된장국, 찹쌀 탕수육, 꽁치 무조림, 톳 두부무침
노인 영양·위생 교육용 브로슈어	영양·위생 교육용 브로슈어 디자인	P.20 영양교육자료 변경전 P.21 영양교육자료 변경 후 P.22 영양교육자료 변경 후

동영상	동영상 데모	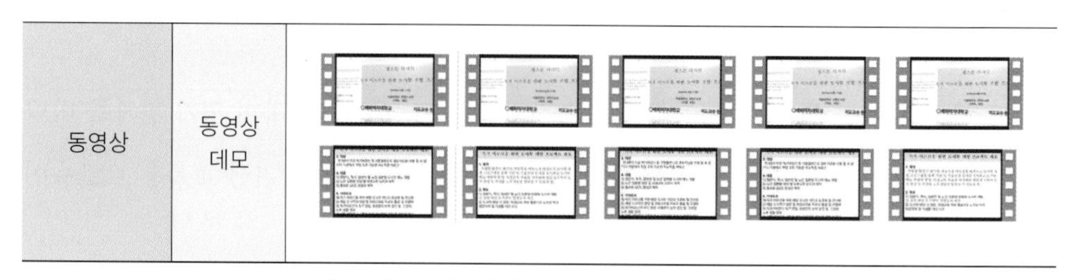

[그림 9-9] 시제품 품평회 결과(예시)

(4) 캡스톤 디자인 최종 결과물

① 일반식, 특식 및 밑반찬 도시락

시제품 품평회의 평가결과를 반영하여 팀별 콘셉트에 알맞은 식단, 영양성분표, 노인 도시락 완제품 등 최종 결과물을 완성한다.

팀명	구분	내 용		
춘하	식단	春 夏 MENU -일반도시락- 현미밥 북엇국 소불고기 취나물무침 배추김치 -특식도시락- 잡곡밥 닭개장 돼지고기수육 부추전 흑임자샐러드 겉절이김치 -밑반찬- 떡갈비 두부조림 어묵볶음 오이무침	도시락식단 현미밥 북엇국 소불고기 취나물 무침 배추김치	특식 도시락식단 잡곡밥 닭개장 돼지고기수육 부추전 흑임자샐러드 겉절이 김치
		반찬 도시락식단 떡갈비 두부조림 어묵볶음 오이무침		
	영양 성분표	(아래 표 참조)		
	완성품			

과제명(일반식)

구분	식단	주·부재료	1인 분량	식품분석 에너지(Kcal)	탄수화물(g)	단백질(g)	지방(g)	나트륨(mg)
밥	현미밥	현미		167kcal	37g	3g	0	2mg
국	북엇국	북어		67kcal	3g	10g	2g	329mg
반찬 1	고등어조림	고등어		139Kcal	5g	10g	8g	475mg
반찬 2	가지볶음	가지		111Kcal	20g	2	4	219mg
김치	배추김치	배추		19kcal	3g	1g	0	312mg
총 에너지(kcal) 494kcal 식단가 2,690(원)								

과제명(특식)

구분	식단	주·부재료	1인 분량	식품분석 에너지(Kcal)	탄수화물(g)	단백질(g)	지방(g)
밥	잡곡밥	쌀	100g	353kcal	76.6g	7.8g	0.6g
국	닭개장	닭,숙주 등	300g	285kcal	7.3	31.3g	14.5g
반찬 1	돼지고기수육	돼지고기	250g	449kcal	3.9g	52.2g	22.8g
반찬 2	부추전	부추	151g	197kcal	18.8g	14g	7g
반찬 3	흑임자샐러드	샐러드	184g	269kcal	14g	2.3g	23.6g
김치	겉절이 김치	/	80g	37kcal	4.8g	1.9g	1.7g
총 열량: 1590kcal 식단가 (원)							

과제명(밑반찬)

구분	식단	주·부재료	1인 분량 (100g 기준)	식품분석 에너지(Kcal)	탄수화물(g)	단백질(g)	지방(g)	나트륨(mg)
반찬 1	두부조림	두부		138.51	5.72	12.36	7.38	500.02
반찬 2	어묵볶음	어묵		199.07	28.30	7.50	8.09	847.36
반찬 3	취나물 무침	취나물		140.00	6.60	2.70	12.30	563.7
반찬 4	떡갈비	돼지고기		278.86	11.64	17.50	7.12	440.11
총 에너지(Kcal): 747 Kcal 식단가 2807 (원)								

팀명	구분	내용		
단오	식단	단 오 / '단' 한 번의 '오'늘을 특별하게 보내세요 / MENU • 혼합잡곡밥 • 소고기미역국 • 제육볶음 • 숙주미나리무침 • 상추겉절이	• 혼합잡곡밥 • 북어미역국 • 소불고기 • 야채계란말이 • 오이고추된장무침 • 배추김치 • 방울토마토	• 고추잡채 • 메추리알 소고기 장조림 • 부추전 • 돌자반김
	영양 성분표	(영양 성분표 1)	(영양 성분표 2)	(영양 성분표 3)
	완성품			

영양 성분표 1

구분	식단	주·부재료	1인분량(g)	에너지(kcal)	탄수화물(g)	단백질(g)	지방(g)	나트륨(mg)
[illegible]	[illegible]	[illegible]	60 30	315	71.00	6.00	0.90	45.87
[illegible]	[illegible]	[illegible]	40 30	160	4.00	3.00	3.60	194.00
[illegible]	[illegible]	[illegible]	80 30 10	175	9.10	11.50	10.30	22.00
[illegible]	[illegible]	[illegible]	20 10	35	2.40	1.60	2.10	34.82
[illegible]	[illegible]	[illegible]	50 30	68	8.00	2.50	2.90	64.41

영양 성분표 2

구분	식단	주·부재료	1인분량(g)	에너지(kcal)	탄수화물(g)	단백질(g)	지방(g)	나트륨(mg)
[illegible]	[illegible]	[illegible]	60 30	315	71.00	6.00	0.90	45.87
[illegible]	[illegible]	[illegible]	10 20	105.7	4.29	14.16	3.99	98.22
[illegible]	[illegible]	[illegible]	80 5 30	177	18.30	12.80	5.80	32.91
[illegible]	[illegible]	[illegible]	60 10 10	176	2.60	12.00	13.00	56.97
[illegible]	[illegible]	[illegible]	40 2/15	24.4	4.05	1.65	0.64	13.6
[illegible]	[illegible]	[illegible]	40	25	4.40	1.40	0.20	64.00
[illegible]	[illegible]	[illegible]	70	13.3	4.34	0.70	0.09	7.00

영양 성분표 3

구분	식단	주·부재료	1인분량(g)	에너지(kcal)	탄수화물(g)	단백질(g)	지방(g)	나트륨(mg)
[illegible]	[illegible]	[illegible]	60 20 10 10 10	128	13.10	5.50	6.00	16.00
[illegible]	[illegible]	[illegible]	40 60	73	3.53	4.65	4.05	28.62
[illegible]	[illegible]	[illegible]	50 20	169	24.90	3.80	6.00	19.57
[illegible]		[illegible]	10	15	4.50	3.50	0.00	23.00

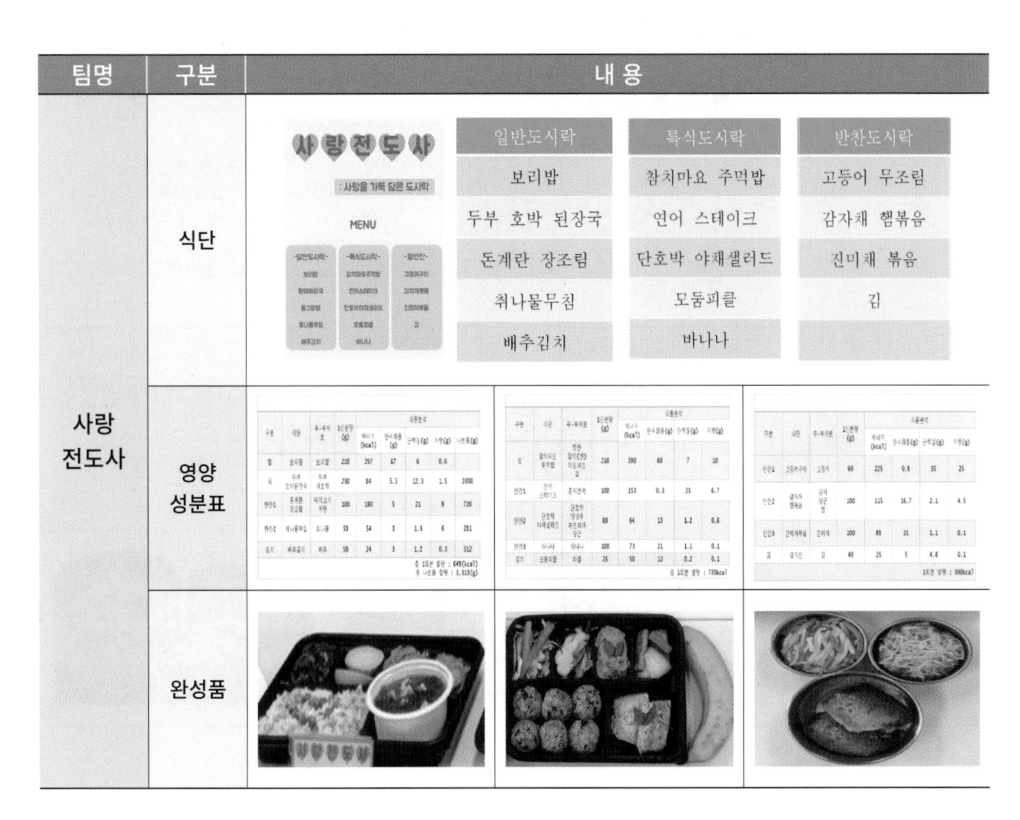

팀명	구분	내용		
사랑 전도사	식단	사랑전도사 / : 사랑을 가득 담은 도시락 / MENU	일반도시락 보리밥 두부 호박 된장국 돈계란 장조림 취나물무침 배추김치	특식도시락 참치마요 주먹밥 연어 스테이크 단호박 야채샐러드 모둠피클 바나나
				반찬도시락 고등어 무조림 감자채 햄볶음 진미채 볶음 김
	영양 성분표	(영양 성분표 1)	(영양 성분표 2)	(영양 성분표 3)
	완성품			

영양 성분표 1

구분	식단	주·부재료	1인분량(g)	에너지(kcal)	탄수화물(g)	단백질(g)	지방(g)	나트륨(g)
밥	보리밥	보리밥	210	297	67	6	0.6	
국	두부 호박된장국	두부 애호박	230	84	5.5	12.3	1.5	2000
반찬1	돈계란 장조림	돼지고기 계란	100	190	5	21	9	720
반찬2	취나물무침	취나물	50	54	3	1.3	6	281
김치	배추김치	배추	50	24	3	1.2	0.3	312

총 1회분 열량 : 649(kcal)
총 나트륨 함량 : 3,313(g)

영양 성분표 2

구분	식단	주·부재료	1인분량(g)	에너지(kcal)	탄수화물(g)	단백질(g)	지방(g)
밥	참치마요 주먹밥	햇반 참치(캔) 마요네즈 김	210	390	68	7	10
반찬1	연어 스테이크	훈제연어	100	153	0.3	23	6.7
반찬2	단호박 야채샐러드	단호박 양상추 파프리카 당근	80	64	13	1.2	0.8
반찬3	바나나	바나나	100	73	21	1.1	0.1
김치	모둠피클	피클	25	50	12	0.2	0.1

총 1회분 열량 : 730kcal

영양 성분표 3

구분	식단	주·부재료	1인분량(g)	에너지(kcal)	탄수화물(g)	단백질(g)	지방(g)
반찬1	고등어구이	고등어	60	225	0.8	35	25
반찬2	감자채 햄볶음	감자 당근 햄	100	115	16.7	2.1	4.5
반찬3	진미채볶음	진미채	100	89	21	1.1	0.1
김	김자반	김	40	25	5	4.8	0.1

1회분 열량 : 300kcal

[그림 9-10] 캡스톤 디자인 최종 결과물

② 노인 질환별 맞춤형 도시락 및 영양·위생 교육용 브로슈어

시제품 품평회 평가결과를 반영하여 노인 질환별 맞춤형 도시락 및 영양·위생 교육용 브로슈어 등 최종 결과물을 완성한다.

팀명	구분	노인 질환별 맞춤형 도시락	브로슈어
춘하	이상 지질혈증		
단오	당뇨병		
사랑 전도사	고혈압		
이만갑	골다공증		

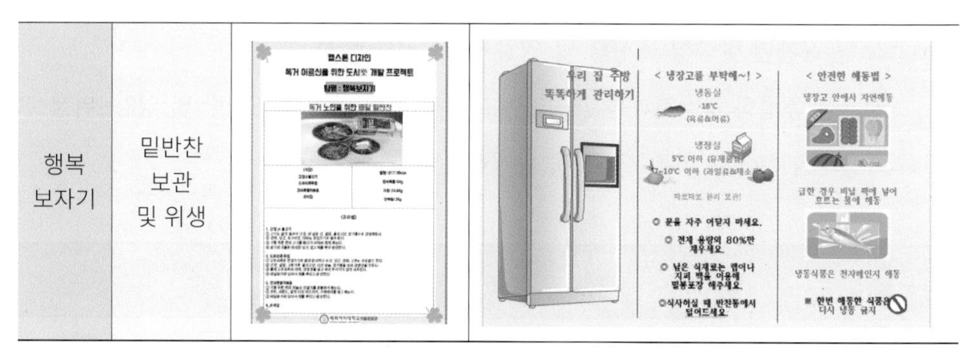

행복 보자기	밑반찬 보관 및 위생	

[그림 9-11] 노인 영양·위생 교육용 브로슈어

③ 동영상 최종 결과물

동영상은 시제품 품평회 결과를 반영하여 수정 보완하고 팀별 콘셉트에 알맞은 노인 도시락 개발, 푸드 코디네이션, 영양·위생 교육 등 주요 내용이 잘 표현될 수 있도록 동영상 편집을 통해 최종 결과물을 완성한다.

구분	동영상 최종 결과물
춘하	
단오	
사랑 전도사	

[그림 9-12] 동영상 최종 결과물

④ 캡스톤 디자인 전시회

캡스톤 디자인 전시회는 노인 도시락(일반, 특식, 밑반찬), 노인 질환별 도시락, 노인 영양·위생 교육용 브로슈어, 동영상 등 최종 결과물을 홍보 포스터와 함께 전시한다.

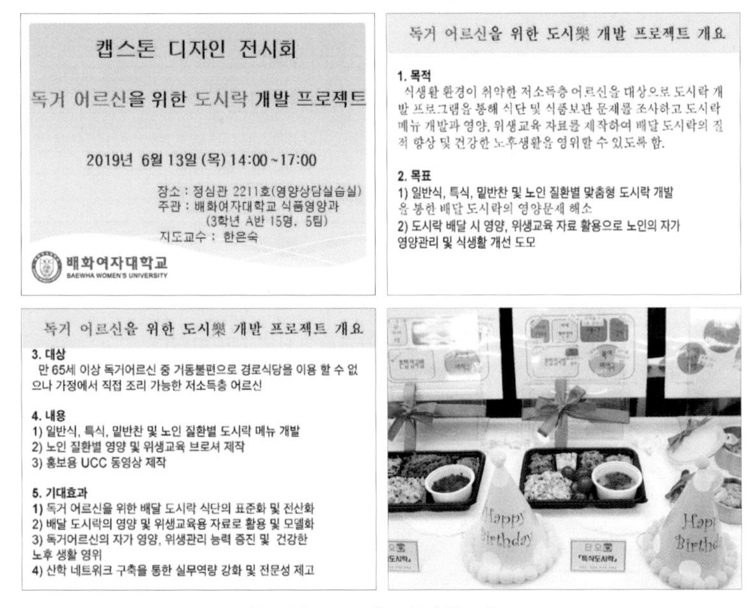

[그림 9-13] 전시회 자료

(5) 평가 및 피드백

① 캡스톤 디자인 최종 보고서

학생들은 팀별로 최종 결과보고서와 포트폴리오를 작성, 제출하고 지도교수의 최종 평가를 받는다. 최종 결과보고서는 양식에 맞게 작성하며 포트폴리오는 팀별 프로젝트의 특성을 살릴 수 있도록 핵심 내용 등을 집약하여 자료집을 만든다.

팀 명			참여인원	총 명 (교수 ○명, 학생 ○명, 기업체 ○명)
과제명				
교과명				
과제수행기간	년 월 일 ~ 년 월 일 (개 월)			
담당교수 (과제총괄책임자)	학과명		성 명	
	E-mail		전화번호	
			휴대전화	
대표학생 (과제수행팀장)	학과명		성 명	
	E-mail		휴대전화	
참여 산업체 (있을 경우 작성)	기관명		담당자명	
	주소		회사전화번호	
			휴대전화번호	
	주생산품		E-mail	
참여 업체 유형	□ 가족회사 □ 일반회사 □ 기타 ( )			
집행금액	원			

본 보고서를 캡스톤디자인 결과보고서로 제출합니다.

20 년 월 일

팀 장 : (서명/인)

담당교수 : (서명/인)

[그림 9-14] 캡스톤 디자인 최종 보고서 서식

과제의 목적 및 수행 방법
독거 어르신께 배달되는 일반식, 특식, 밑반찬 및 노인 질환별 도시락의 메뉴별 푸드 코디네이션을 기획하고 노인들의 취향에 알맞은 맛과 멋이 담긴 도시락을 개발하여 배달 도시락의 질적 향상을 도모하였다. 배달 도시락의 푸드 코디네이션 콘셉트는 "춘하(春夏)"로 설정하고 음식을 제작하며 푸드 코디네이터의 산업체 인사 멘토링을 시행하여 실무 역량을 높인다. 또한 도시락 시제품을 제작한 후에는 품평회를 실시하며 수정· 보완을 통해 최종 결과물의 완성도를 높이고 캡스톤 디자인 전시와 최종 평가 및 피드백을 한다.

과제 수행 결과물에 대한 기술

도시락의 컨셉인 "춘하(春夏)"는 봄과 여름이라는 뜻으로 어르신들을 위해 다가오는 계절을 느끼고 설렘과 열정을 전해줄 수 있는 도시락을 개발하였다. 24절기 중, 봄과 여름을 선택하여 계절의 향기를 느낄 수 있도록 시절음식과 다양한 식재료를 활용한 푸드 코디네이션을 기획하였다.

"춘하(春夏)" 도시락의 푸드 코디네이션

스토리:24절기 중에 봄,여름의 12절기를 선택하여 그 날의 concept을 정하여 어르신들에게 계절의 향기를 느낄 수 있게 각 철에 나오는 음식재료를 이용하여 메뉴를 정한다.

과제 참여 수행 인원					
참여학생					
성명	학년	학번	연락처	이메일	담당 업무

캡스톤 디자인 과제 실적물(시제품) 사진 자료

결과물에 대한 추후 활용방안 및 기대효과
○ 노인종합복지관의 도시락 배달에 "춘하(春夏)" 콘셉트 적용 및 푸드 코디네이션 활용 ○ 취약한 저소득층 어르신께 계절의 맛과 향이 담긴 일반식, 특식, 밑반찬 및 노인 질환별 도시락 제공으로 노인 식생활의 질적 향상 도모 ○ 독거 어르신들에게 "춘하(春夏)" 계절을 느낄 수 있도록 식재료의 맛과 멋이 담긴 도시락 개발을 통한 건강 증진 및 행복한 노후생활 기대

최종 과제 수행 예산 집행내역			
항목	세부항목	산출 내역	금액
합 계			원

자료 : 배화여자대학교

[그림 9-15] 캡스톤 디자인 최종 결과보고서 서식 및 작성 방법(예시)

② 캡스톤 디자인 결과보고서 및 포트폴리오(예시)

팀명	결과보고서	포트폴리오
춘하	[illegible]	[illegible]
단오	[illegible]	[illegible]
사랑 전도사	[illegible]	[illegible]
이만갑	[illegible]	[illegible]
행복 보자기	[illegible]	[illegible]

[그림 9-16] 캡스톤 디자인 최종 보고서(예시)

③ 만족도 조사 및 기타 증빙자료

캡스톤 디자인 종료 후에는 캡스톤 디자인 만족도 조사와 산업체 전문가 활용 멘토비 신청서 및 멘토링 리스트 등을 작성한다.

캡스톤 디자인 만족도 조사는 프로젝트에 참여한 학생들과 지도교수 및 산업체 인사를 대상으로 실시하며 피드백을 통해 캡스톤 디자인 교육의 질적 향상을 도모한다.

캡스톤 디자인 만족도조사

유형 : □ 산학연계형 □ 전공심화형 팀명 :

평가항목	평가 내용	평가결과 전혀 아니다 (0점) 아니다 (3점) 보통이다 (5점) 그렇다 (7점) 매우 그렇다 (10점) 체크해 주세요				
목표	과제의 목표가 과제내용과 적합한가?	0	3	5	7	10
임무수행	팀원의 임무가 적절히 분배되고, 수행되었는가?	0	3	5	7	10
Time table	시간 내에 목표하던 일들이 완료되었는가?	0	3	5	7	10
정보, 자료의 분석 및 모델링	과제의 내용이 다양한 관점에서 분석되었는가?	0	3	5	7	10
	과제에 관련한 자료가 충분히 수집되었는가?	0	3	5	7	10
문제의 인식 및 도출	과제 수행 시 문제점이 정확히 파악되었는가?	0	3	5	7	10
	과제에 대한 문제점 해결의 대안은 적절히 제시되었는가?	0	3	5	7	10
결과 도출	팀으로 수행하면서 목적에 적합한 과제의 결과를 도출하는 경험을 하였는가?	0	3	5	7	10
	과제에 대한 결과의 도출에 논리적인 결함은 없는가?	0	3	5	7	10
결론	전공지식을 활용하여 창의력 향상과 현장 적응력 제고를 가져올 수 있는 결론을 얻었는가?	0	3	5	7	10

[그림 9-17] 캡스톤 디자인 만족도조사 서식

산업체 전문가 활용 멘토비 신청서

<table>
<tr><td>팀 명</td><td colspan="5"></td></tr>
<tr><td>과제명</td><td colspan="5"></td></tr>
<tr><td rowspan="4">산업체 전문가</td><td colspan="2">성 명</td><td colspan="3"></td></tr>
<tr><td colspan="2">연락처</td><td colspan="3"></td></tr>
<tr><td colspan="2">이메일</td><td colspan="3"></td></tr>
<tr><td colspan="2">계좌번호</td><td colspan="3"></td></tr>
<tr><td>지도내용</td><td colspan="5"></td></tr>
<tr><td rowspan="6">지도학생</td><td>순</td><td>학 과 명</td><td>학 번</td><td>성 명</td><td>비 고</td></tr>
<tr><td>1</td><td></td><td></td><td></td><td></td></tr>
<tr><td>2</td><td></td><td></td><td></td><td></td></tr>
<tr><td>3</td><td></td><td></td><td></td><td></td></tr>
<tr><td>4</td><td></td><td></td><td></td><td></td></tr>
<tr><td>5</td><td></td><td></td><td></td><td></td></tr>
</table>

위와 같이 학생들을 지도하여 캡스톤 디자인 과제를 수행하였기에 신청합니다.

20 년 월 일

담당교수 성명 : (서명/인)

첨부 : 산업체 전문가 신분증 사본, 통장사본 1부

[그림 9-18] 산업체 전문가 활용 멘토비 신청서 서식

캡스톤 디자인 멘토링 리스트

순번	교과목명	팀명	담당교수	산업체전문가명	멘토링금액	비고
1						
2						
3						
4						
5						
6						
7						
8						
9						
10						

20 년 월 일

학과장 성명 : (서명/인)

자료 : 배화여자대학교

[그림 9-19] 캡스톤 디자인 멘토링 리스트 서식

- 김경미. 푸드스타일링. 교문사, 2005
- 김수인. 푸드코디네이터 개론. 한국외식정보, 2004
- 김윤태. 레스토랑 서비스 운영관리론. 대왕사, 2011
- 김인철. 시각정보디자인. 선학출판사, 2002
- 김인혜. 기초디자인. 미진사, 2004.
- 김지영, 류무희, 장혜진, 황지희, 이유주, 오경화, 김광오. 테이블&푸드코디네이트. 교문사, 2007
- 김진숙, 김효연, 유한나. 푸드 코디네이트개론. 백산출판사, 2011
- 김진한. 디자인 원리. 시공사, 2004
- 데이비드 라우어, 이대일. 조형의 원리. 예경, 2002
- 바바라런던, 존업턴, 이준식 옮김. 사진. 미진사, 2003
- 백승희. 내프킨 접기, 아름다운 식탁을 위한 80가지 아이디어. 백산출판사, 2000
- 성기협, 박현진, 채경연, 최미경, 최우승. 메뉴 관리론. 교문사, 2011
- 식공간연구회. 푸드코디네이트. 교문사, 2009
- 아니위베르 AH, 클레르부알로 CB. 미식. 창해, 2000
- 오재복, 류무희, 김지영, 장혜진, 황지희. 새로 쓴 테이블 코디네이트. 교문사, 2012
- 이영옥, 김은미, 김희숙, 박문옥, 윤옥현, 이정실, 강어진, 유한나. 푸드 코디네이션. 광문각, 2012
- 이유주. 푸드컬러와 디자인. 경춘사, 2005
- 이지현, 장혜진, 백승범. The Party. 백산출판사, 2011
- 조열, 김지현. 형태지각과 구성 원리. 창지사, 2010.
- 최지아, 김경임, 안선정. 식공간 디자인. 형설출판사, 2010
- 최지혜. 앤틱 가구 이야기. 호미, 2005
- 한경수, 채인숙, 김경환. 외식경영학. 교문사, 2011
- 한복려, 조후종, 윤숙자, 윤숙경, 주영하, 이효지, 윤덕인. 한국음식대백과 제5권 상차림. 기명, 기구. 한림출판사, 2002
- 한석우. 디자인 기획론. 지구문화사, 2010
- 황규선. 테이블디자인. 교문사, 2011
- 황재선. 푸드스타일링 & 테이블 데코레이션. 교문사, 2003
- 황지희, 장혜진, 이지현, 오경화, 류무희, 김지연, 김인화. 푸드코디네이터 가이드북. 파워북, 2009
- 황혜성, 한복려, 한복진, 정라나. 한국의 전통음식. 교문사, 2010

푸드 코디네이션과 캡스톤 디자인

2020년 10월 15일 1판 1쇄 인 쇄
2020년 10월 20일 1판 1쇄 발 행

지 은 이 : 한 은 숙

펴 낸 이 : 박 정 태

펴 낸 곳 : **광 문 각**

10881
파주시 파주출판문화도시 광인사길 161
광문각 B/D 4층
등 록 : 1991. 5. 31 제12 - 484호
전 화(代): 031-955-8787
팩 스 : 031-955-3730
E - mail : kwangmk7@hanmail.net
홈페이지 : www.kwangmoonkag.co.kr

ISBN : 978-89-7093-396-2 93590

값 : 28,000원